6세에는

스토리텔링
창의영재수학

즐깨감

논리수학 퍼즐

6세에는 즐깨감 논리수학퍼즐

1판 1쇄 발행 2020년 1월 20일
1판 8쇄 발행 2024년 4월 1일

서지원 임성숙 **글** | 김현민 **그림** | 와이즈만 영재교육연구소 **감수**
발행처 | 와이즈만BOOKs
편집인 | 염만숙
출판사업본부장 | 김현정
편집 | 원선희 양다운 이지웅
표지디자인 | 박은실 강덕희 이가람 김혜영
본문디자인 | 금동이책
마케팅 | 강윤현 백미영 장하라

출판등록 | 1998년 7월 23일 제1998-000170
제조국 | 대한민국
사용 연령 | 5세 이상
주소 | 서울특별시 서초구 남부순환로 2219 나노빌딩 5층
전화 | 마케팅 02-2033-8987 편집 02-2033-8983
팩스 | 02-3474-1411
전자우편 | books.askwhy.co.kr
홈페이지 | mindalive.co.kr

이 도서의 국립중앙도서관 출판예정도서목록(CIP)은 서지정보유통지원시스템 홈페이지(http://seoji.nl.go.kr)와
국가자료공동목록시스템(http://www.nl.go.kr/kolisnet)에서 이용하실 수 있습니다.
* 잘못된 책은 구입처에서 바꿔 드립니다.

* 와이즈만 BOOKs는 ㈜창의와탐구의 출판 브랜드입니다.

6세에는

스토리텔링
창의영재수학

| 서지원 임성숙 글 | 김현민 그림
| 와이즈만 영재교육연구소 감수

즐깨감 논리수학 퍼즐

와이즈만 BOOKs

머리말

아이들의 논리수학지능을 높여 주는 책

논리수학지능(Logical-Mathmatical Intelligence)은 사람이 살아가면서 부딪히는 모든 문제들을 합리적으로 해결하게 해 주는 고마운 지능입니다. 교육심리학자인 하워드 가드너가 '다중지능이론'에서 제시한 인간의 지적 능력 중 하나이지요.

논리수학지능이 뛰어난 아이는 호기심이 많아 끊임없이 질문합니다. 숫자에 민감하고, 집중력이 높은 것도 큰 특징입니다. 문제가 있으면 주먹구구식이 아니라 체계적이고 과학적인 방법으로 마침내 해결책을 찾아냅니다.

논리수학지능은 공부를 잘하기 위해서도 꼭 필요한 지능이고, 장래의 직업이나 전공 선택에 관계없이 꼭 계발해야 하는 지능입니다. 선천적인 특징이 강한 다른 지능들과 달리 논리수학지능은 훈련과 교육을 통해서도 잘 발달시킬 수 있습니다.

《즐깨감 논리수학퍼즐》은 논리수학지능 계발에 가장 효과적인 수학퍼즐을 활용합니다. 전략과 논리를 사용하여 게임처럼 몰입할 수 있는 수학퍼즐은 와이즈만 영재교육의 창의사고력 수학 프로그램에서도 매우 중요한 비중을 차지하고 있습니다.

재미있는 스토리와 다양한 수학퍼즐이 어우러진 《즐깨감 논리수학퍼즐》을 통해 아이들은 상황에 몰입하여 문제를 해결하고 다음 단계로 넘어가는 레벨-업의 경험을 하게 될 것입니다. 이 책을 계기로 아이들이 스스로의 수학적 능력을 발견하고 그 재능을 크게 키워 나가기를 바랍니다.

와이즈만 영재교육연구소 소장 이 미 경

구성과 특징

논리수학지능을 높일 수 있는 10가지의 퍼즐 문제들로 구성하였습니다. 아이들이 재미있는 퍼즐을 풀면서 논리 수학적 대상에 몰두하면서 자신의 재능을 발전시킬 수 있도록 해 주세요.

이야기 속에 퍼즐의 원리가 숨어 있습니다. 재미있는 이야기를 읽으면서 논리 퍼즐이 일상생활과 밀접한 관련이 있다는 걸 알 수 있습니다.

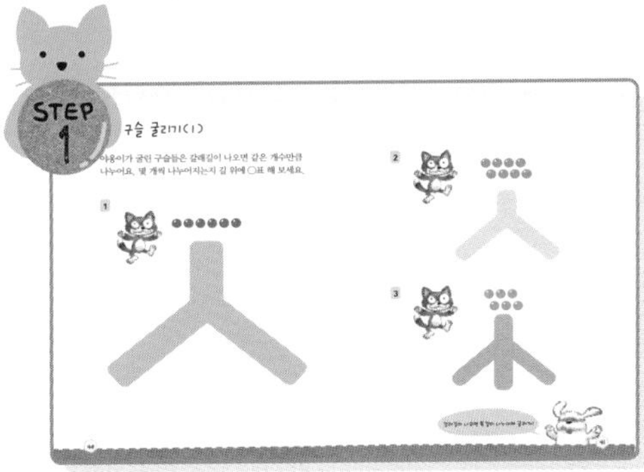

간단한 규칙이나 보기를 통해 원리를 이해하고 흥미를 가질 수 있는 도입 단계의 퍼즐들로 구성하였습니다.

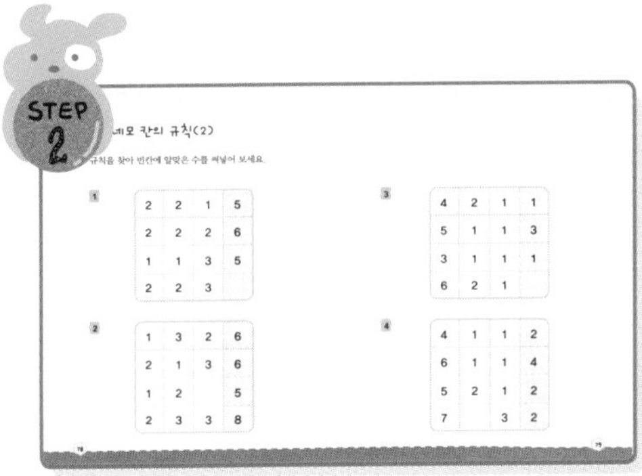

문제에 대한 이해를 기반으로 좀 더 집중하면서 사고의 폭이 커지는 단계의 퍼즐들로 구성하였습니다.

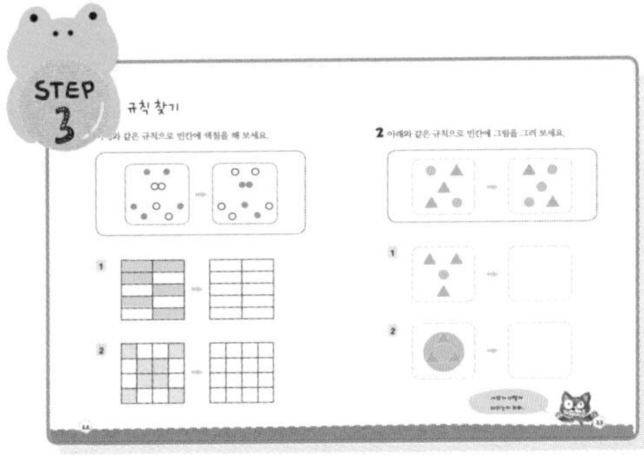

사고의 폭이 가장 확장되는 단계로 창의적 문제 해결력을 끌어낼 수 있는 퍼즐들로 구성하였습니다.

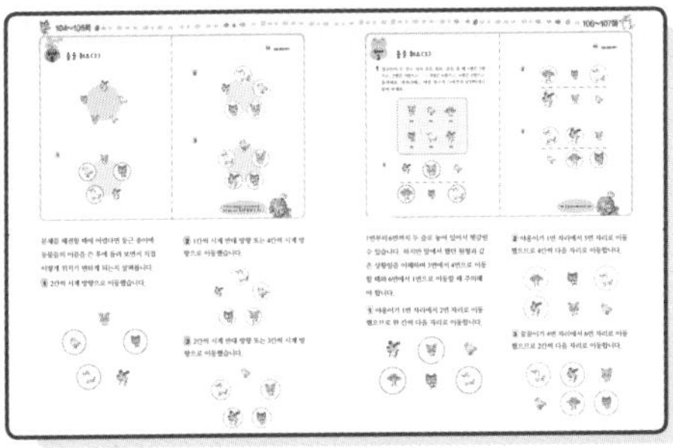

답지 구성과 특징

정답을 한눈에 알아볼 수 있도록 본문과 같은 이미지 위에 파란색으로 답을 표시하였고, 본문 바로 아래에는 [풀이] [다른 풀이] [생각 열기] [틀리기 쉬워요] [참고]를 따로 구성하여 문제에 대한 이해를 도왔습니다.

시리즈 소개

〈즐깨감〉은 스스로 생각하는 힘을 길러 줍니다.

와이즈만 영재교육의 창의사고력 수학 시리즈

1. 일반 수학 문제들이 유형화되어 있는 것과는 달리, 학생들에게 익숙하지 않은 새로운 문제들이 나옵니다. 또한 생활 속 주제들을 수학의 소재로 삼아 수학을 친근하게 느끼도록 하여 주변에서 수학 원리를 탐구하고 관찰할 수 있습니다.
2. 반복 연습이 아닌, 사고의 계발을 중시합니다. 새 교과서가 추구하고 있는 수학적 사고력, 수학적 추론 능력, 창의적 문제해결력, 의사소통 능력을 강화하고 있습니다.
3. 수학교과서에서 많이 다루어지는 소재가 아닌, 스토리텔링, 퍼즐식 문제 해결 같은 흥미로운 소재를 사용합니다. 재미있는 활동이 수학적 호기심과 흥미를 자극하여 수학적 사고력의 틀을 형성시켜 줍니다.
4. 난이도별 문제 해결보다는 사고의 흐름에 따른 확장 과정을 중시합니다.

6세에는 즐깨감 수학

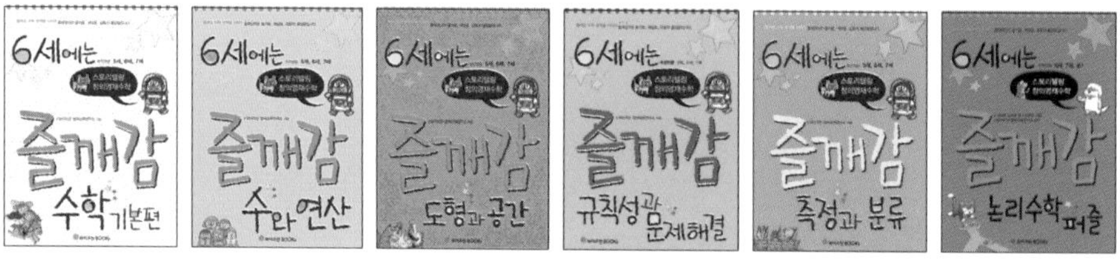

7세에는 즐깨감 수학

즐깨감 스토리텔링 7세 수학

1학년에는 즐깨감 수학

2학년에는 즐깨감 수학

3학년에는 즐깨감 수학

4학년에는 즐깨감 수학

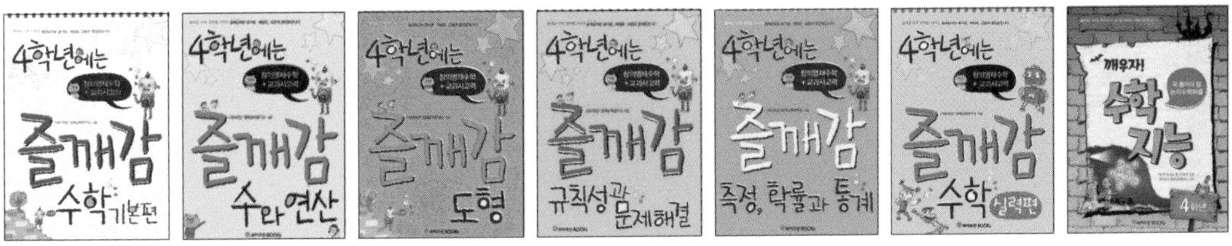

5학년에는 즐깨감 수학

6학년에는 즐깨감 수학

차례

등장인물

개

할아버지, 할머니와 함께 사는 듬직하고 용감한 녀석이야. 할아버지를 특히 잘 따르지. 두 분을 위해서라면 못할 게 없는 충성스러움을 갖고 있어.

고양이

샘이 많은 얌체 같은 녀석이야. 할아버지랑 할머니가 개를 더 예뻐하면 배가 아파서 데굴데굴. 개가 하는 일이라면 사사건건 따라해야 하지.

할아버지

아주 인자하고 너그러운 낚시꾼이야. 성격이 느긋해서 고기가 잘 안 잡혀도 허허, 많이 잡혀도 허허 웃지. 개와 고양이를 자식처럼 예뻐해.

할머니

사람들에게 뭐든 나눠 주는 걸 좋아해.
할아버지가 신기한 구슬을 얻어왔을 때도 금화가
생기면 사람들에게 듬뿍 나눠 주기만 했지.
사람을 잘 믿어서 속아 넘어갈 때가 많아.

욕심쟁이 할머니

교활하고 눈치 빠른 욕심쟁이야. 남의
파란 구슬을 훔쳐서라도 욕심을 채우려고 하지.

수달과 거북

개와 고양이가 할아버지를 다시
만날 수 있도록 여러가지 도움을
주는 동물들이야.

I 무엇이 무엇이 다를까?

옛날, 어느 마을에 자식도 없이 외롭게 사는 할아버지와 할머니가 있었어. 늙은 부부는 개와 고양이를 자식 삼아 키웠지.
하루는 할아버지가 물고기를 잡으러 나갔어. 개와 고양이가 쫄레쫄레 따라 나섰지. 할아버지는 좋은 자리를 골라 낚싯대를 드리웠어. 그런데 해가 산 너머로 꼴딱 질 때까지 물고기가 한 마리도 잡히질 않네.

"할아버지, 언제 가요?"
"조금만 더 기다려 보자꾸나. 빈손으로 갈 순 없잖니."
"그럼 할아버지도 카드 놀이 같이 해요."
고양이가 모두에게 카드를 한 장씩 차례대로 나눠 줬어.
할아버지도 낚시대를 한 손에 쥔 채 카드를 받았어.

그런데 가지고 있는 카드들을 잘 보니까
누군가 하나만 다른 카드를 가지고 있지 뭐야.
자세히 보니 고양이만 모양이 다른 카드를 한 장 가지고 있었어.
"짠! 나만 네모난 모양의 쿠키 카드를 가지고 있다고!"

셋은 또 한 번 놀이를 하기로 했어. 다시 카드를 나눠 가졌지.

“누가 다른 카드를 가지고 있지?”

이번에 나는 아닌 것 같은데.”

고양이가 말했어.

“허허허, 이번엔 내가 다른 모양의 카드를 한 장 가지고 있구나!

나는 사과 카드 대신 네모난 쿠키 카드를 갖고 있거든.”

할아버지가 웃으면서 말했어.

STEP 1

다른 특징 찾기(1)

1 네 장의 카드 중 다른 한 장의 카드를 찾아 ○표 해 보세요.

1

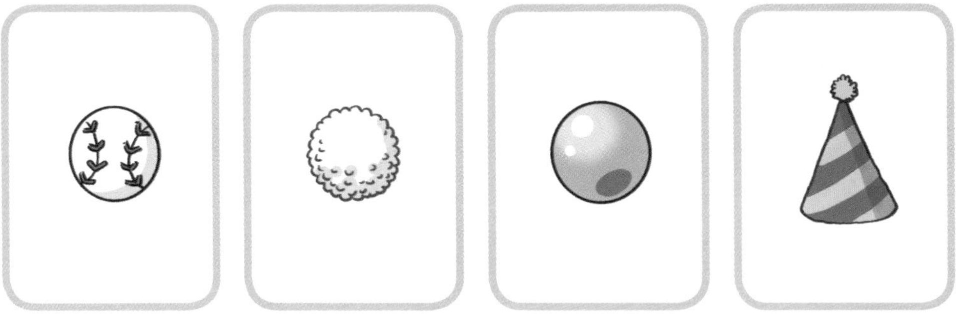

2

2 친구들이 집 그림을 그렸어요. 다르게 그린 친구가 한 명 있네요. 어떤 친구가 다르게 그렸는지 ○표 해 보세요.

STEP 2

다른 특징 찾기(2)

1 친구들이 각각 원판 하나씩을 가지고 있어요. 다른 원판을 가지고 있는 친구에게 ○표 해 보세요.

1

2

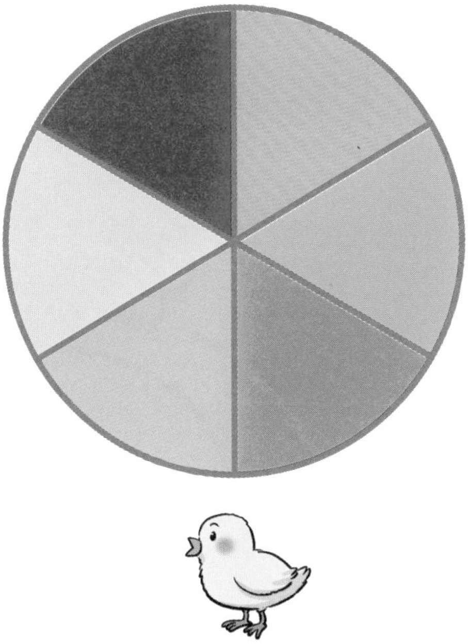

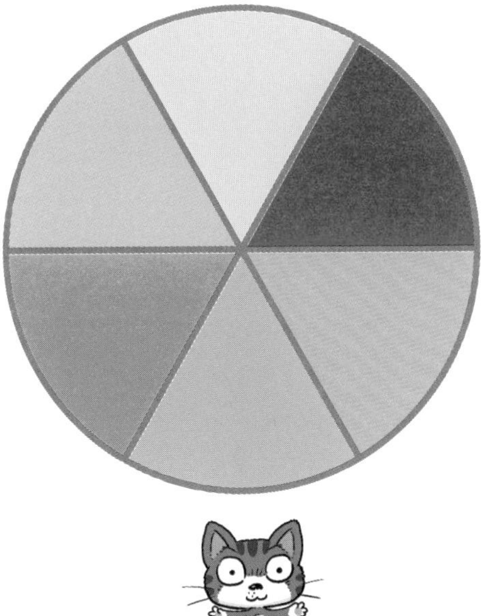

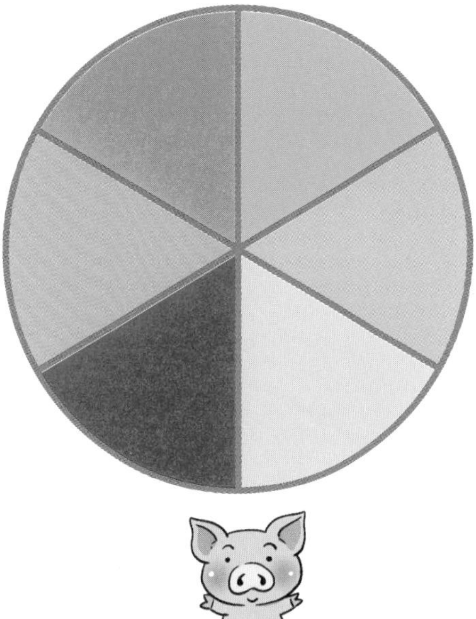

STEP 2 다른 특징 찾기(2)

2 친구들이 털실을 가지고 놀고 있어요. 털실을 펼쳤을 때 한 줄로 펴지지 않는 것에 ○표 해 보세요.

3 친구들이 3개의 숫자를 겹쳐서 써 놓았어요. 다른 숫자를 쓴 친구를 찾아 ○표 해 보세요.

1

2

STEP 3

규칙 찾기

1 아래와 같은 규칙으로 빈칸에 색칠을 해 보세요.

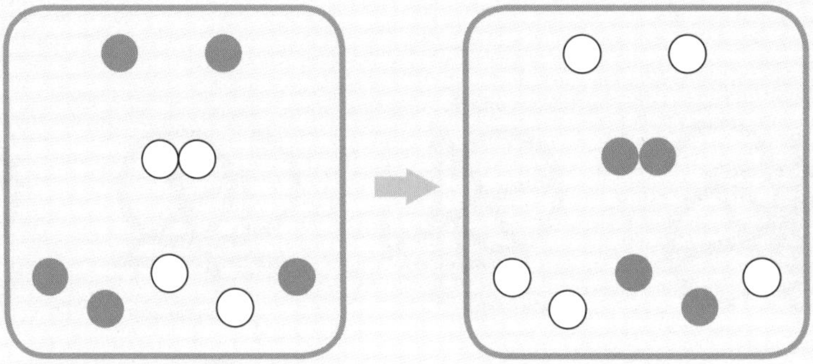

1

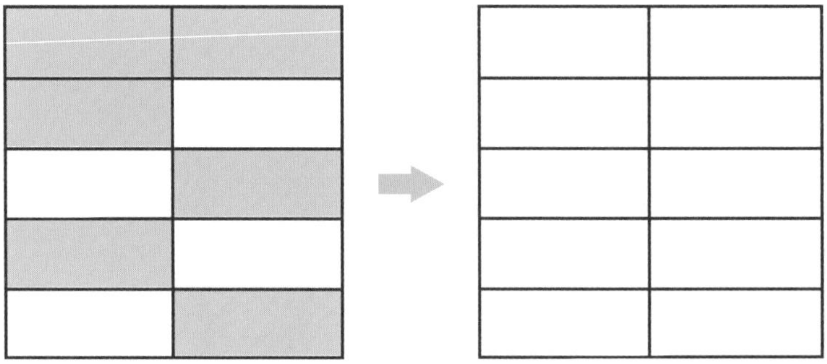

2

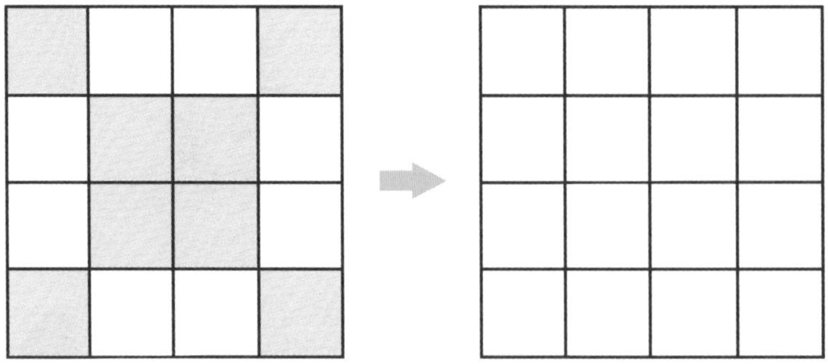

2 아래와 같은 규칙으로 빈칸에 그림을 그려 보세요.

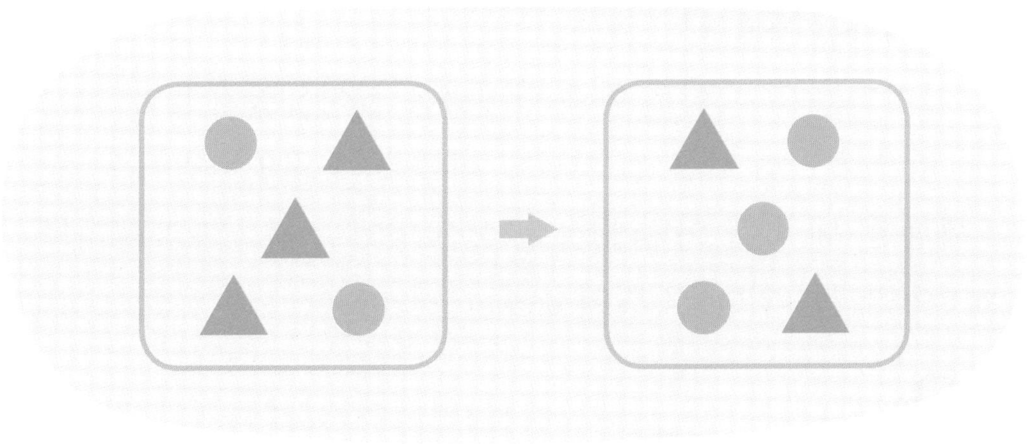

1

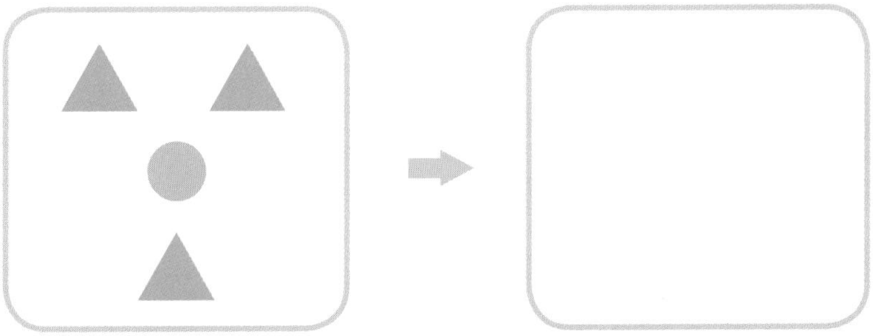

2

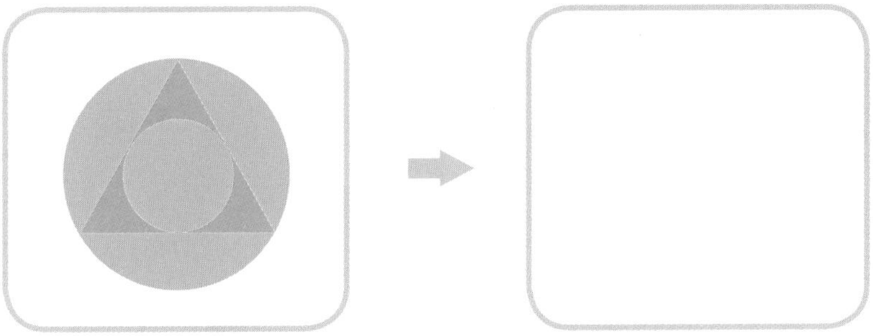

2 가위바위 보

할아버지가 마지막으로 낚싯대를 드리웠어.
그런데 이게 웬일이야!
낚싯대가 흔들흔들!
할아버지는 있는 힘을 다해 낚싯줄을 끌어올렸지.
물 밖으로 끌려 나온 건 황금빛 비늘을 가진 잉어였어.
"세상에! 내 평생 이렇게 크고 멋진 잉어는 처음 보는구나!"
할아버지는 입이 떡 벌어졌어.

"할아버지, 배고파요."
고양이는 얼른 잉어를 잡아먹자고 했어. 그러자 잉어가 굵은 눈물을 뚝뚝 흘리지 뭐야. 그 모습을 본 할아버지와 개는 잉어를 물에 도로 놓아 주자고 했지.
"안 돼요. 잡은 고기를 놓아 주면 어떡해요!"
고양이는 싫다며 야옹거렸지.
"그럼 이렇게 하자꾸나. 가위바위보를 해서 고양이 네가 이기면 잉어를 잡아먹고, 우리가 이기면 잉어를 놓아 주는 거야."

"가위바위보!"
셋이 동시에 손을 내밀었지. 결과는 비겼어.
고양이는 바위를 내고, 개는 가위를 내고
할아버지는 무엇인가를 내서 비겼어.
할아버지가 무엇을 내서 셋이 비겼을까?

"에이, 뭐야. 비겼잖아. 그럼 이번엔 너랑 나랑만 가위바위보를 하자."
고양이는 개에게 가위바위보를 하자고 졸랐어.

"가위바위보!"
둘이 동시에 손을 내밀었어.
고양이는 가위를 내서 이겼지.
할아버지는 개한테 무얼 냈느냐고 물었지.
그러자 개가 시큰둥한 표정으로 휙 돌아서 버렸어.

"이젠 저랑 할아버지가 가위바위보를 하면 돼요!"
둘이 동시에 손을 내밀었지.
그랬더니 이번엔 할아버지가 이겼지 뭐야.
할아버지는 약속대로 잉어를 물가에 놓아 주었어.
할아버지가 보를 내서 이겼으면 고양이는
무얼내서 졌을까?

STEP 1

가위바위보(1)

1 냥이와 바둑이, 꿀꿀이가 가위바위보를 했어요. 이긴 친구에게 ○표 해 보세요.

1

2

3

4

2 친구들이 가위바위보를 했어요. 이긴 친구는 무엇을 냈을지 빈칸에 붙임 딱지를 붙여 보세요.

1

2

3

4

STEP 2

가위바위보 (2)

1 친구들이 5번씩 가위바위보를 해요. 한 번 이길 때마다 1점씩 얻는다면 누가 이기게 될지 이긴 친구에게 ○표 해 보세요.

1

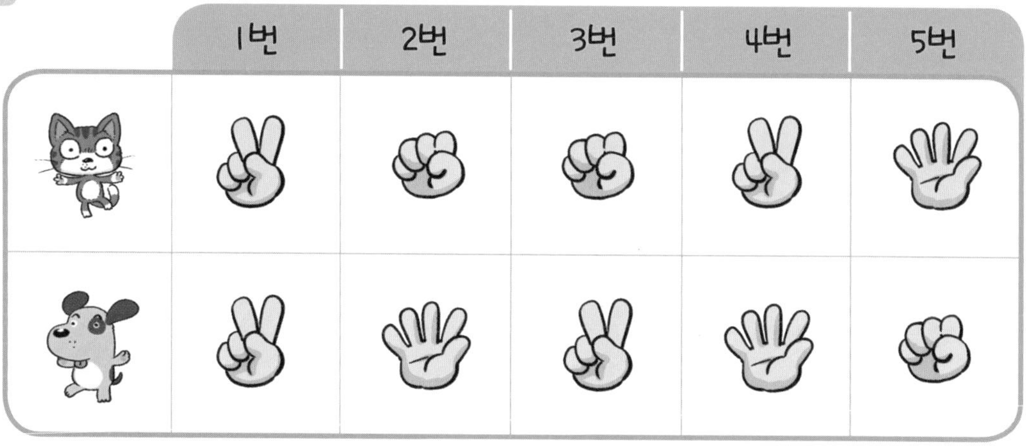

2

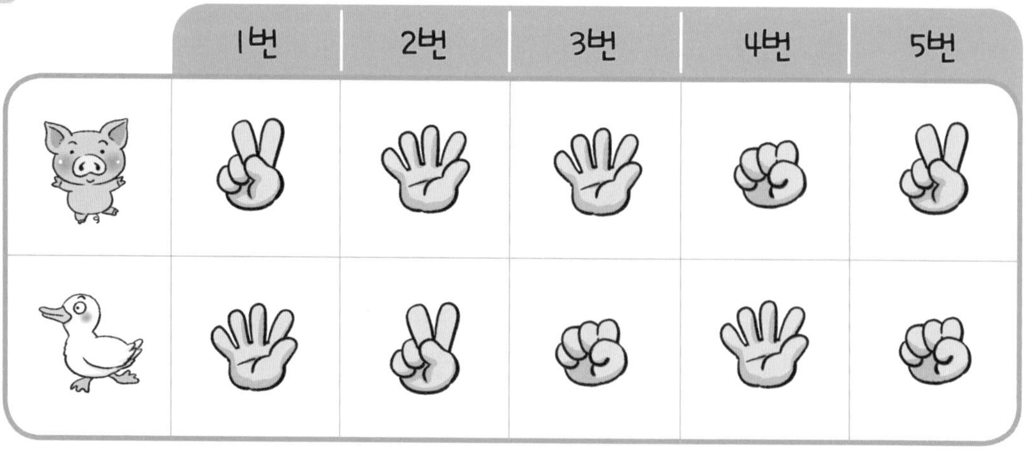

2 냥이와 바둑이가 가위바위보를 했어요. 결과를 보고 바둑이가 무엇을 냈을지 ○표 해 보세요.

1 냥이가 이겼어요.

()

2 바둑이가 이겼어요.

()

3 비겼어요.

()

4 냥이가 이겼어요.

()

STEP 2

가위바위보(2)

3 냥이와 바둑이, 꿀꿀이가 가위바위보를 했어요. 결과를 보고 꿀꿀이가 무엇을 냈을지 ○표 해 보세요.

1 냥이 혼자 이겼어요.

()

2 바둑이 혼자 이겼어요.

()

3 비겼어요.

()

4 비겼어요.

()

4 친구들이 5번씩 가위바위보를 했어요. 한 번 이길 때마다 1점 씩 얻는다면 누가 점수를 가장 많이 얻게 될지 ○표 해 보세요.

1

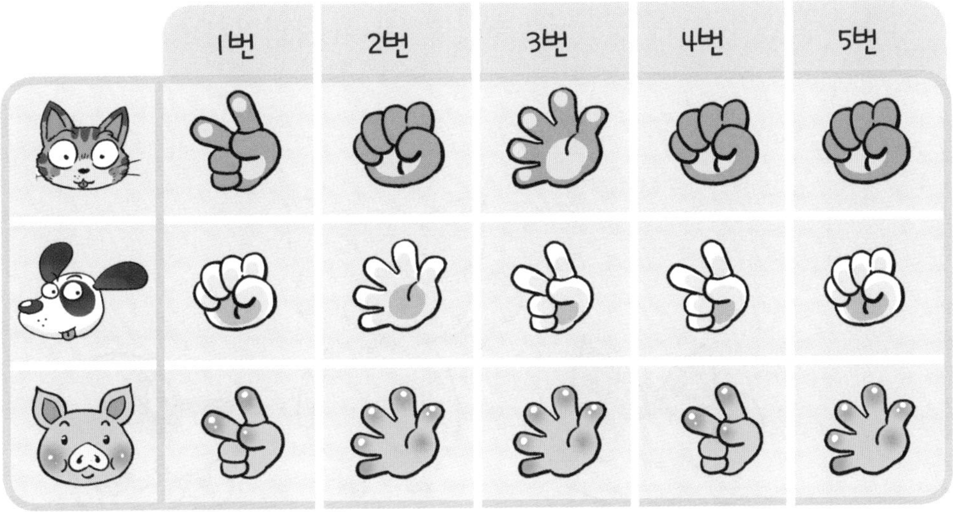

2

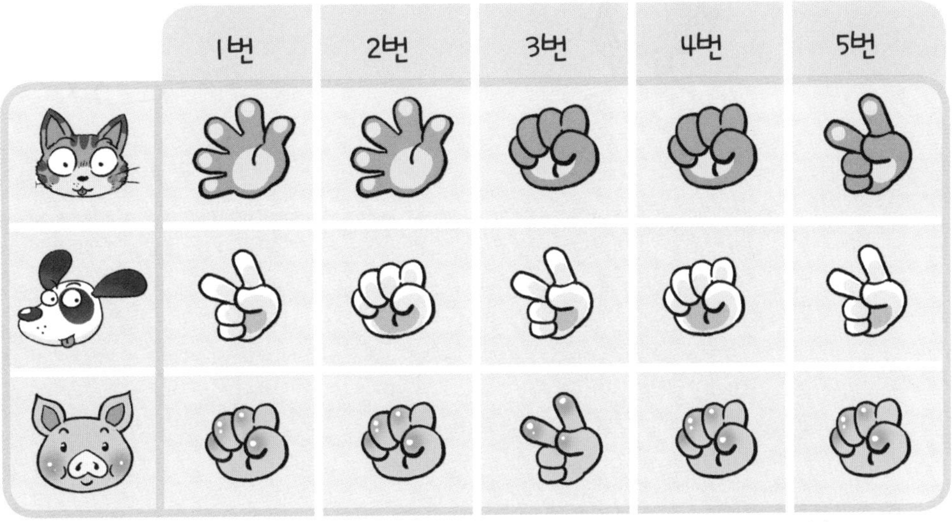

STEP 3 가위바위보(3)

1 친구들이 가위바위보를 했어요. 설명을 읽고 물음에 답해 보세요.

1 꿀꿀이는 무엇을 냈을지 붙임 딱지를 붙여 보세요.

- 냥이, 바둑이, 꿀꿀이가 가위바위보를 해요.
- 냥이와 바둑이를 보면 냥이가 이겼어요.
- 바둑이와 꿀꿀이를 보면 바둑이가 이겼어요.
- 냥이는 보를 냈어요.

2 냥이는 무엇을 냈을지 붙임딱지를 붙여 보세요.

- 냥이, 바둑이, 꿀꿀이가 가위바위보를 해요.
- 냥이와 바둑이를 보면 바둑이가 이겼어요.
- 바둑이와 꿀꿀이를 보면 꿀꿀이가 이겼어요.
- 꿀꿀이는 바위를 냈어요.

3 구슬이 데구르르

다음날도 할아버지와 개랑 고양이는 물고기를 잡으러
강가에 왔어.
"으라차차!"
할아버지는 낚싯대를 멀리 내던졌지.
하지만 물고기가 잡히질 않네.
개랑 고양이의 배에서 꼬르륵 꼬르륵.
할아버지도 힘이 없어 한숨을 폭폭.
그때 갑자기 물이 갈라지더니 잘생긴 소년이 나타났지 뭐야.
"저는 어제 할아버지께서 놓아 주신 잉어입니다.
사실 저는 용왕의 아들이랍니다."
소년은 은혜를 갚겠다며 할아버지에게 파란 구슬 하나를 내밀었어.
이 구슬은 무슨 소원이든 다 들어 주는 구슬이라고 했지.

집으로 돌아온 할아버지는
파란 구슬에게 소원을 빌었어.
"구슬아, 구슬아, 커다란 기와집 한 채만 다오."
그랬더니 이게 웬일이야.
'쿵!'
허름한 초가집이 고래 등 같이 큰 기와집으로 변했어.
"구슬아, 구슬아, 곳간에 쌀이 가득하게 해 다오."
"구슬아, 구슬아, 고운 비단을 다오."
말이 끝나기 무섭게 소원이 이루어지네.
할아버지에게 요술 구슬이 생겼다는 소문은 이웃 마을
욕심쟁이 할머니에게까지 들어갔지.

며칠 뒤, 심심했던 고양이는 바닥에다 선을 그린 뒤 구슬 몇 알을 굴리며 놀았지. 이때 할아버지의 파란 구슬이 탐이 나 집 주위를 기웃거리던 욕심쟁이 할머니가 숨어서 이것을 지켜보고 있었어.

고양이가 굴린 구슬들이 길을 따라 데굴데굴 굴러갔어.

"구슬이 굴러가다가 두 갈래길이 나오니까 2개씩 똑같이 나누어져 굴러가네."

고양이는 신기해서 구슬을 자꾸 굴려 보았어.

아무리 구슬의 숫자가 늘어나도
두 갈래길이 나오면 같은 개수만큼 나누어져서 굴러 갔지.
고양이는 구슬이 지나갈 길을 더 만들었어.
그랬더니 구슬은 2개씩 갈라져서 굴러가다가
다시 두 갈래길이 나오자 1개씩 똑같이 나누어졌지.
그런데 이 일을 어쩌면 좋아?
데굴데굴 굴러 가던 파란 구슬이 어디론가 사라지고 말았어!

STEP 1

구슬 굴리기(1)

1 야옹이가 굴린 구슬들은 갈래길이 나오면 같은 개수만큼 나뉘어요. 몇 개씩 나누어지는지 길 위에 구슬을 그려 보세요.

1

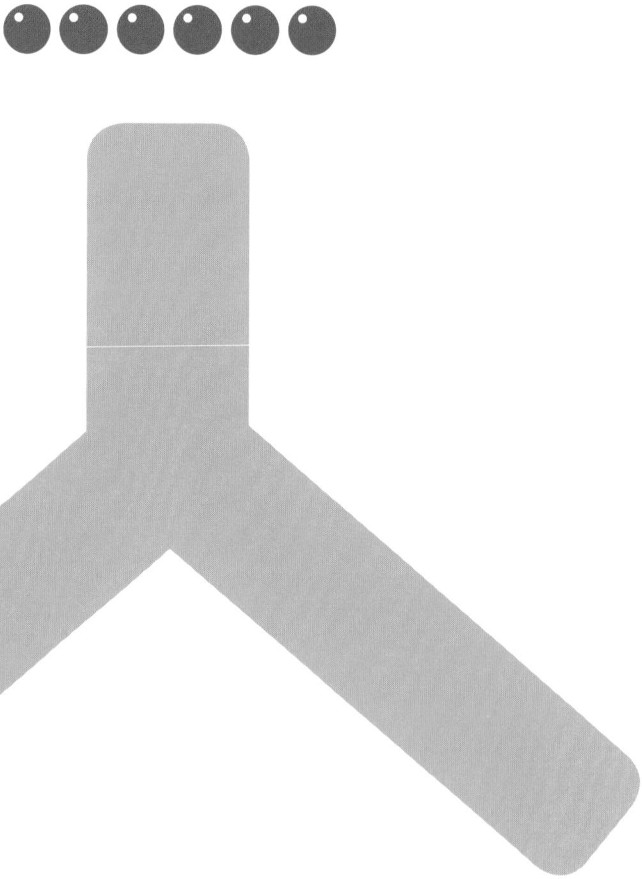

2

3

STEP 2

구슬 굴리기(2)

1 구슬이 어떻게 굴러 갈지 그려 보고, 마지막 갈래길에 구슬이 몇 개씩 나누어지는지 수를 써 보세요.

1

2

STEP 2

구슬 굴리기(2)

3

4

STEP 3 물 흘리기

1 야옹이가 부은 물은 갈래길이 나오면 같은 양만큼 나누어 져요. 물은 몇 컵씩 나누어져 흘러가는지 빈칸에 그려 보세요.

1

2

3

4 어디에서 만날까?

파란 구슬이 없어지자
할아버지와 할머니는 다시 가난해졌어.
커다란 기와집도, 쌀이 가득한 곳간도 온데간데 없어졌지.
할아버지는 넋을 잃고 말았어.
할머니도 시름시름 앓아눕고 말았지.

“고양이야, 우리가 잃어버린 구슬을 찾아오자!
멀쩡한 구슬이 하늘로 솟았겠어, 땅으로 꺼졌겠어?”
개의 말에 고양이도 용기를 냈어.
“좋아, 나도 꼭 구슬을 찾고 싶어!”
이렇게 해서 개와 고양이는 길을 떠나게 되었어.

"넌 이쪽으로 가고, 난 저쪽으로 가면서 찾아볼게."
개와 고양이는 서로 다른 방향으로 걸어갔지.
그런데 '꽝'하고 서로 부딪치고 말았어.
"아야, 아야!"
"이상하다, 이상해. 너랑 나는 다른 방향으로 걸었는데 어떻게 부딪칠 수 있지?"

"여기서도 그럴까?"

"이번엔 뒤로 걸어 보자!"

개랑 고양이는 서로 마주 본 채로 멀어지기 시작했어.

그런데 이게 웬일이야.

한참 걷다 보니 둘이 또 '꽝'하고 부딪치고 말았어!

아하, 같은 거리만큼 가다 보니 서로 만나게 될 수밖에 없네!

STEP 1

만나는 지점(1)

1 야옹이와 꽥꽥이가 굵은 선을 따라 같은 빠르기로 길을 걷고 있어요. 야옹이와 꽥꽥이가 만나게 될 곳에 ★표 해 보세요.

1

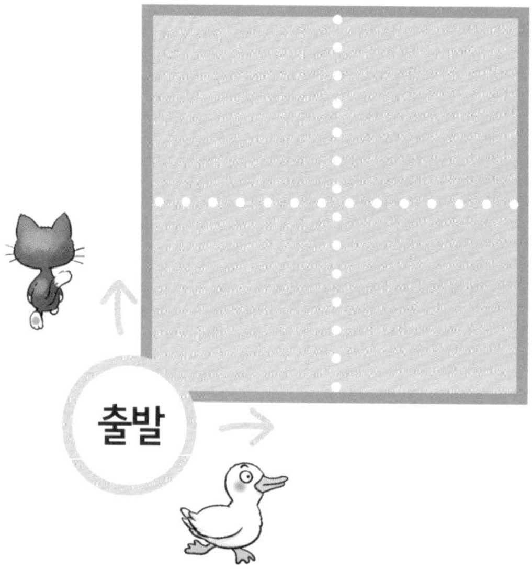

2

3

4

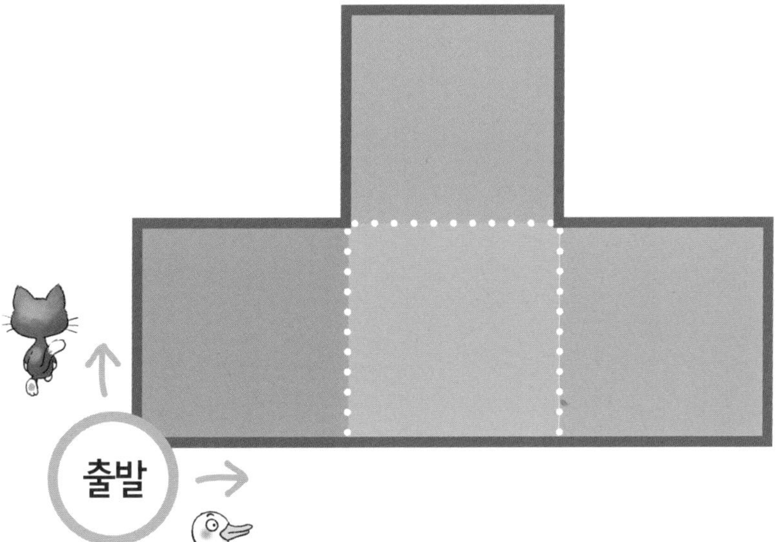

STEP 2 만나는 지점(2)

1 야옹이와 꽥꽥이가 굵은 선을 따라 같은 빠르기로 걷고 있어요. 야옹이와 꽥꽥이가 만나게 될 곳에 ★표 해 보세요.

1

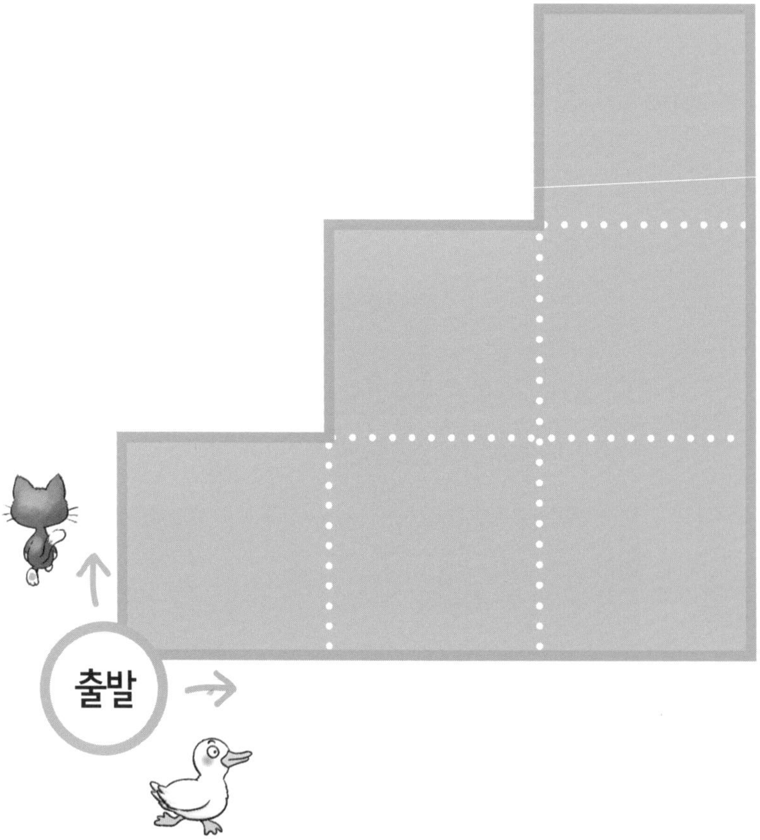

2

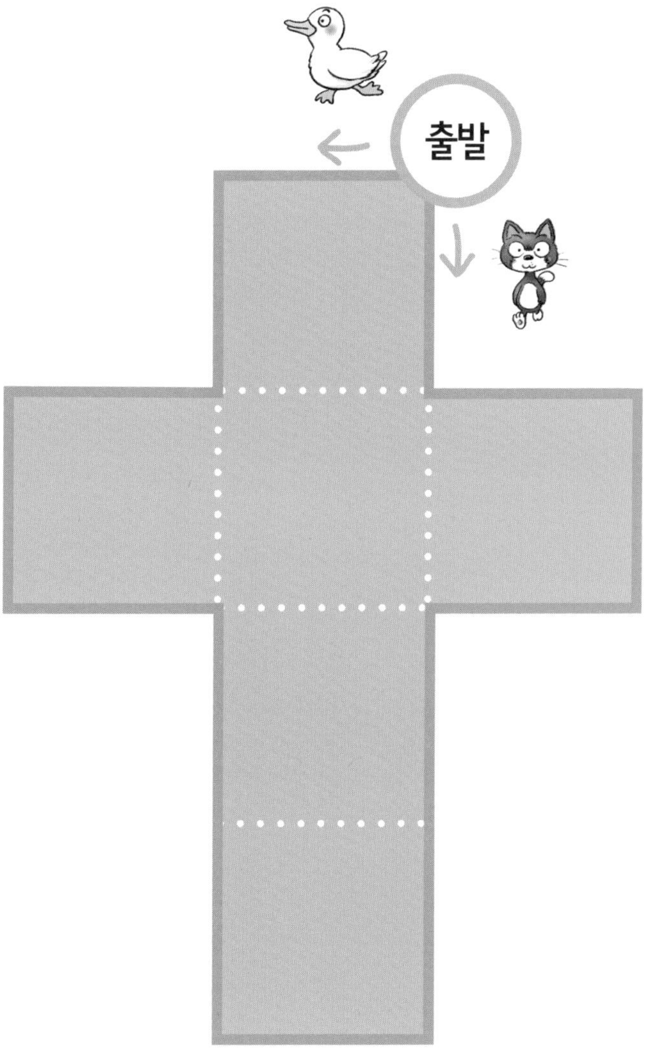

STEP 2

만나는 지점(2)

3

4

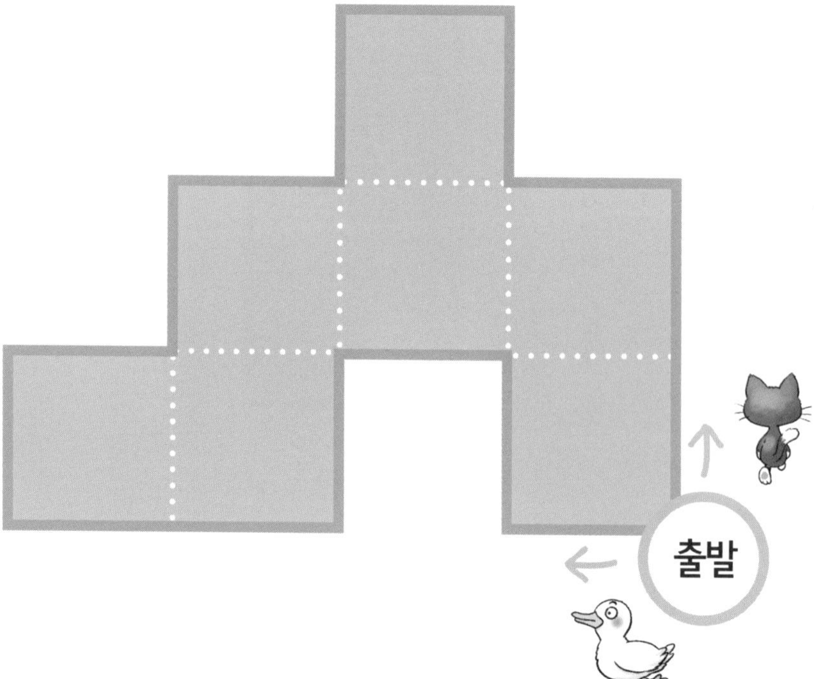

5

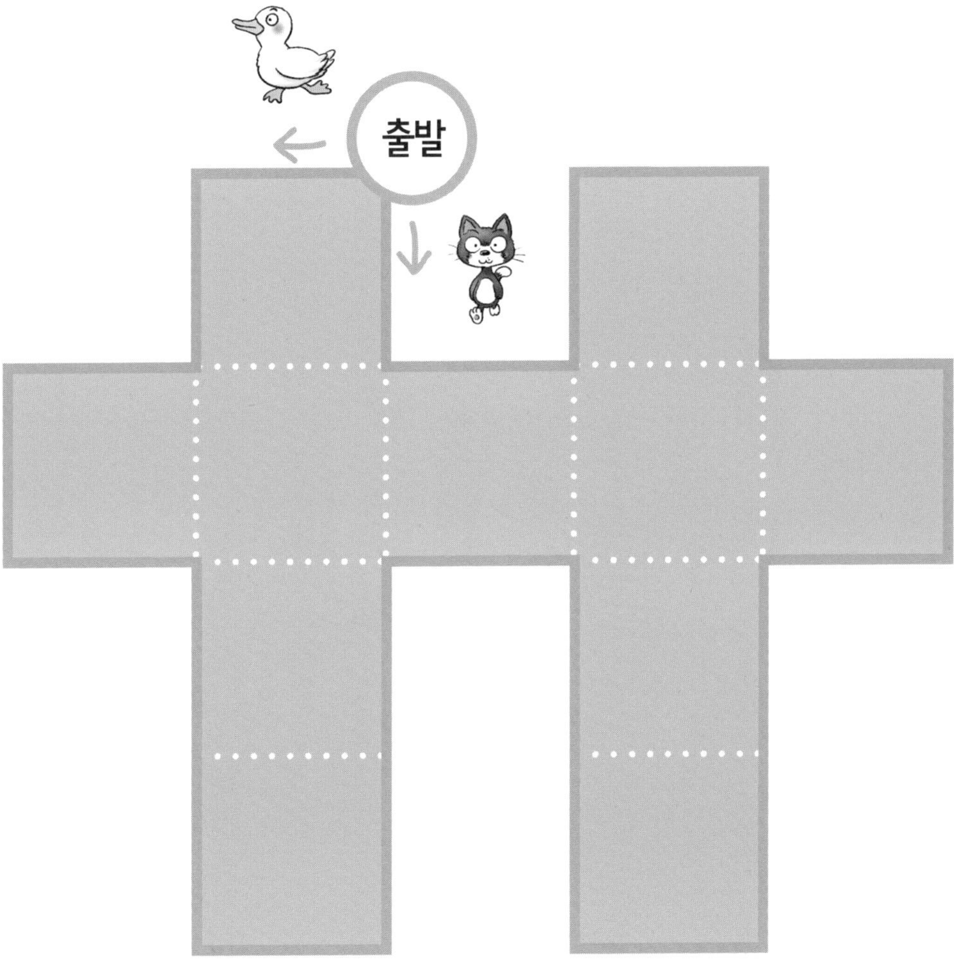

STEP 3

만나는 지점(3)

1 숲속을 헤매던 야옹이가 길에서 캥거루를 만났어요. 야옹이가 1칸을 뛸 때 캥거루는 2칸씩 뛸 수 있어요. 길을 따라 가다 보면 야옹이와 캥거루가 만나게 될 곳에 ★표 해 보세요.

1

2

5 순서대로 냠냠

파란 구슬을 찾으러 나온 개와 고양이는 산을 넘고 강을 건너,
너른 들판도 가로질러 보았지만 구슬을 찾을 수가 없었지.
개와 고양이는 지쳐서 한숨을 내쉬었어.
배에선 꼬르륵 소리가 나고, 등가죽이 찰싹 달라붙은 것만 같았지.

"아이고, 배고파!"
그때였어.
어디선가 구수한 생선 냄새가 나지 뭐야.
냄새를 따라간 곳에는 생선을 말리는 커다란 창고가 있었어.
때마침 길을 지나던 개 한 마리가 물었어.
"너희들 생선이 먹고 싶은 게지?"

"덫에 걸리지 않고 무사히 생선을 먹으려면 몇 가지 규칙을 지켜야만 해.

1. 번호 순서대로 생선을 모두 가져 와야 해.
2. 한 번 지나간 길을 다시 지나게 되면 덫에 걸리 게 돼.
3. 구불구불 돌아갈 수 없고 반드시 곧은 선으로 곧장 가야 해.

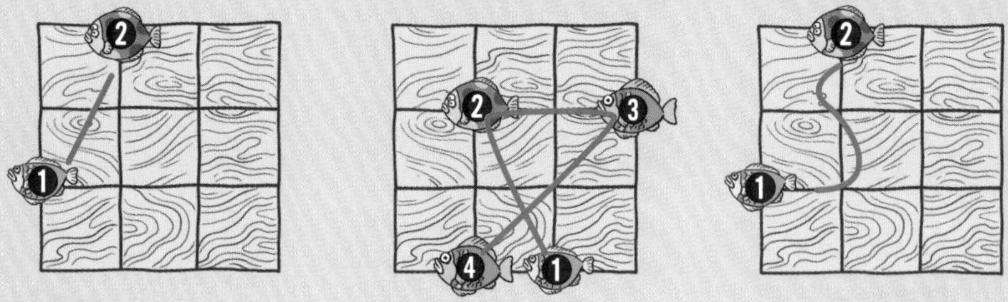

(○)   (X)   (X)

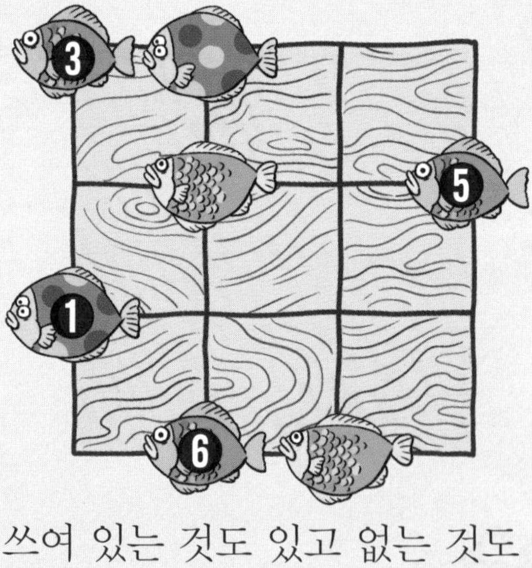

"생선에 숫자가 쓰여 있는 것도 있고 없는 것도 있네?
아하 1번 생선을 먹고 나서 2번 생선으로 어떤 것을 먹어야 할지 골라야 하는 거구나."
고양이가 눈빛을 빛내며 말했어.

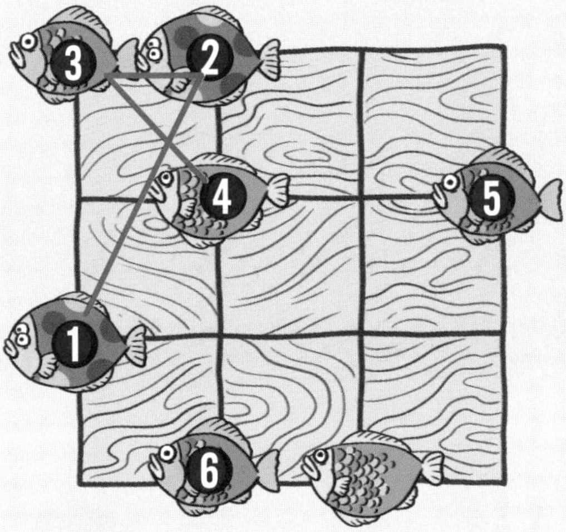

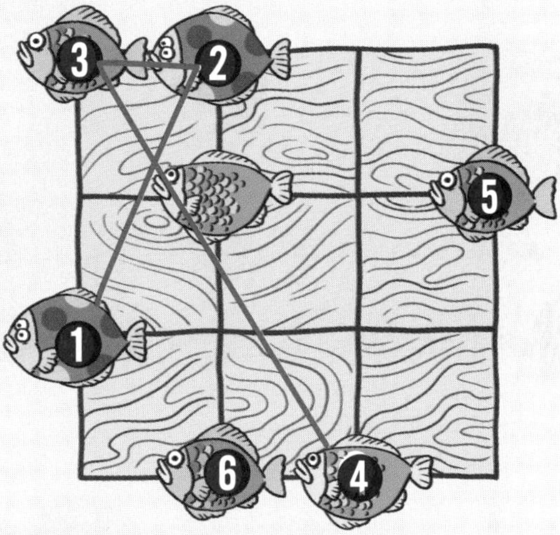

(✕)　　　　(✕)

"맨 위에 있는 생선을 먹으면 어때?
아뿔싸, 그렇게 하면 4번 생선을 먹을 때 덫을 밟게 되네.
안 되겠다."
"그럼, 2번 생선으로 다른 것을 먹어 봐야겠다.
이렇게 한 번 먹어 볼까?"
"오호, 이렇게 먹으면 덫을 밟지 않고 7마리를 다 먹을 수
있겠군. 신 난다!"

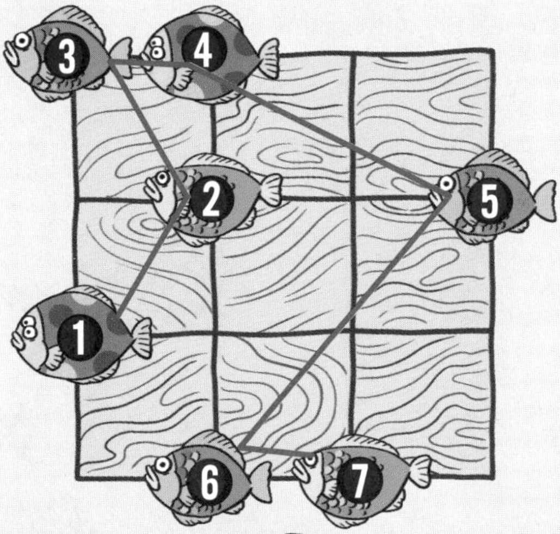

(○)

STEP 1 생선 먹기(1)

1 번호 순서대로 생선을 먹으려고 해요. 지나간 곳은 다시 지나갈 수 없어요. 규칙에 맞게 생선을 먹은 것을 2개 찾아 ○표 해 보세요.

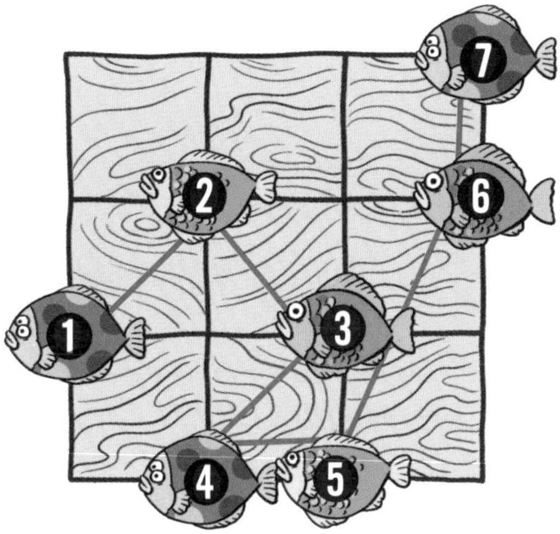

(　　　)

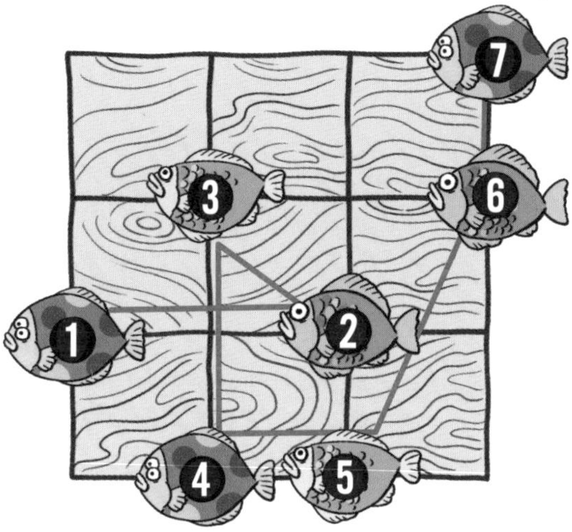

(　　　)

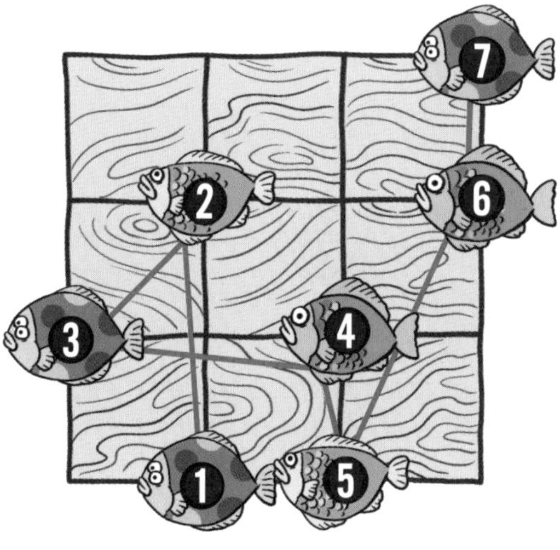

(　　　)

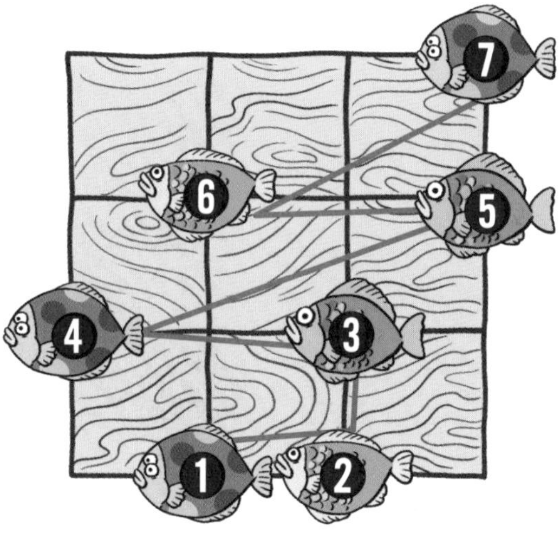

(　　　)

2 번호 순서대로 생선을 먹으려고 해요. 번호가 없는 생선에는 번호를 쓰면서 선으로 이어 보세요.(단, 선 위를 다시 지나갈 수 없어요.)

1

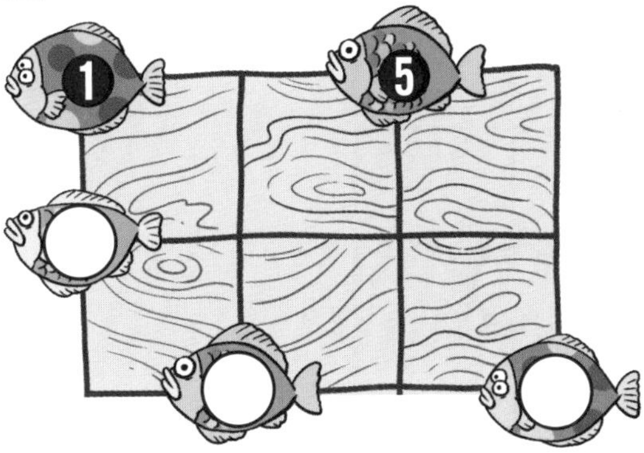

2

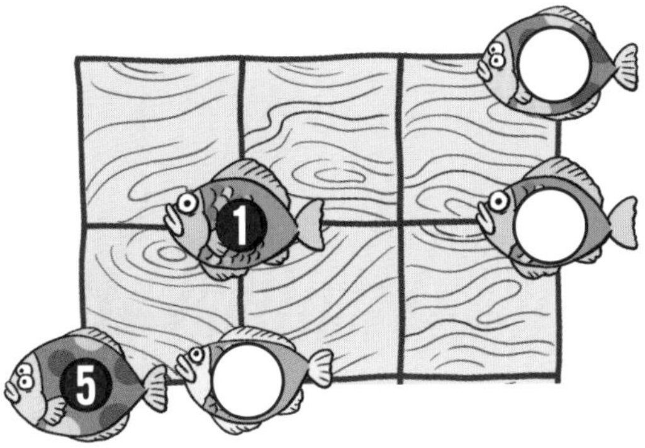

3

4

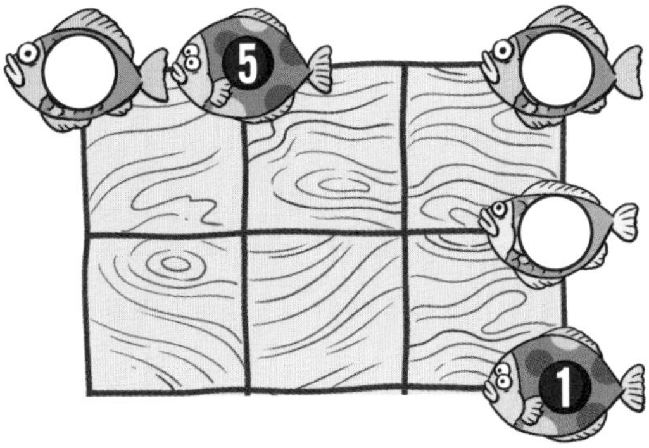

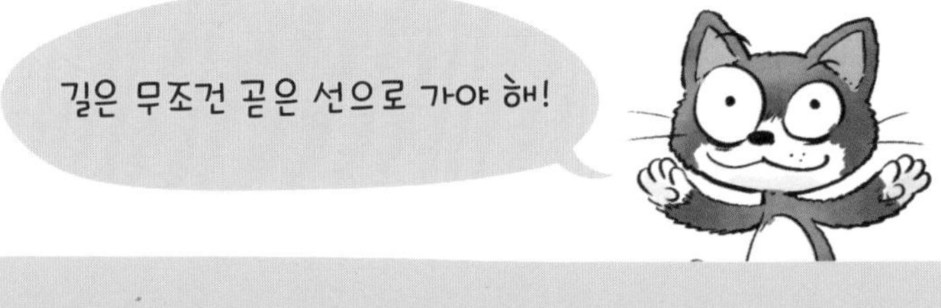

STEP 2 생선 먹기(2)

1 번호 순서대로 생선을 먹으려고 해요. 숫자가 없는 생선에는 번호를 쓰면서 선으로 이어 보세요.(단, 선 위를 다시 지나갈 수 없어요.)

1

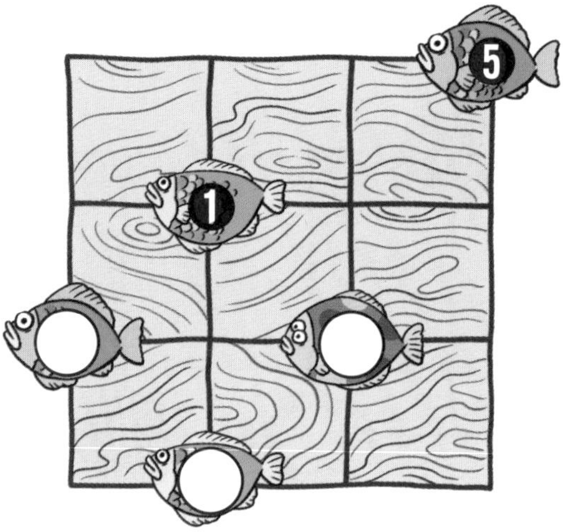

2

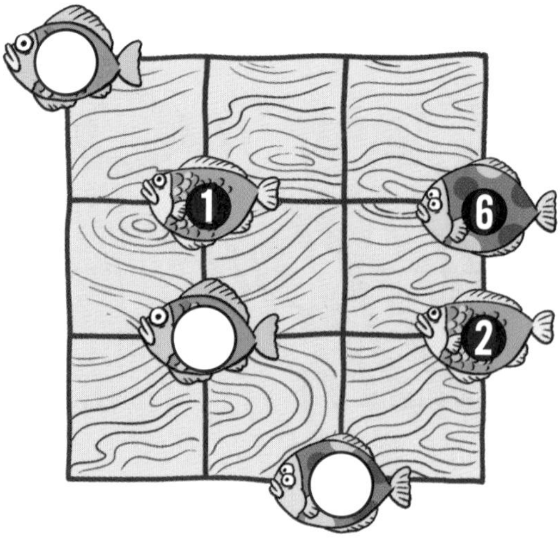

3

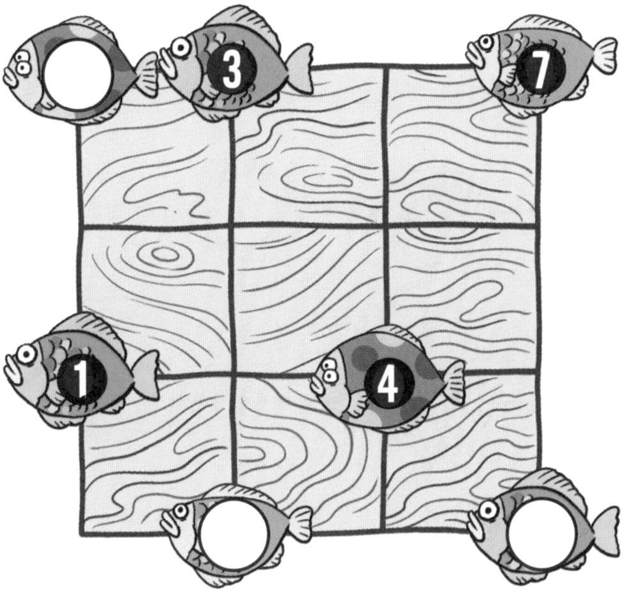

4

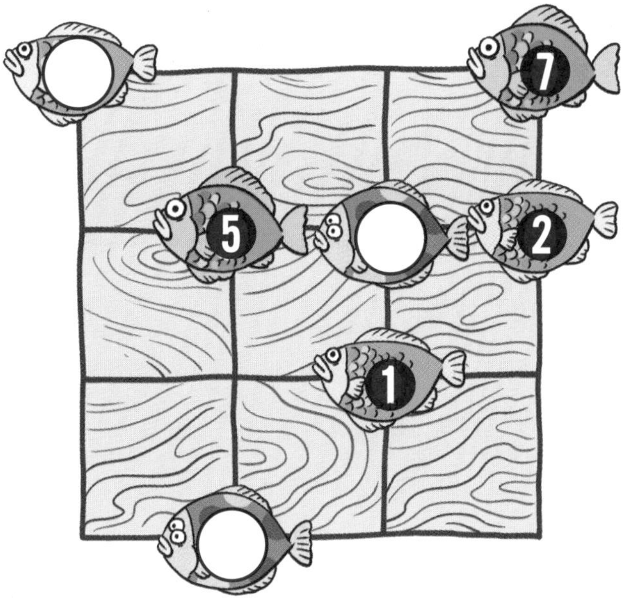

STEP 2 생선 먹기(2)

1

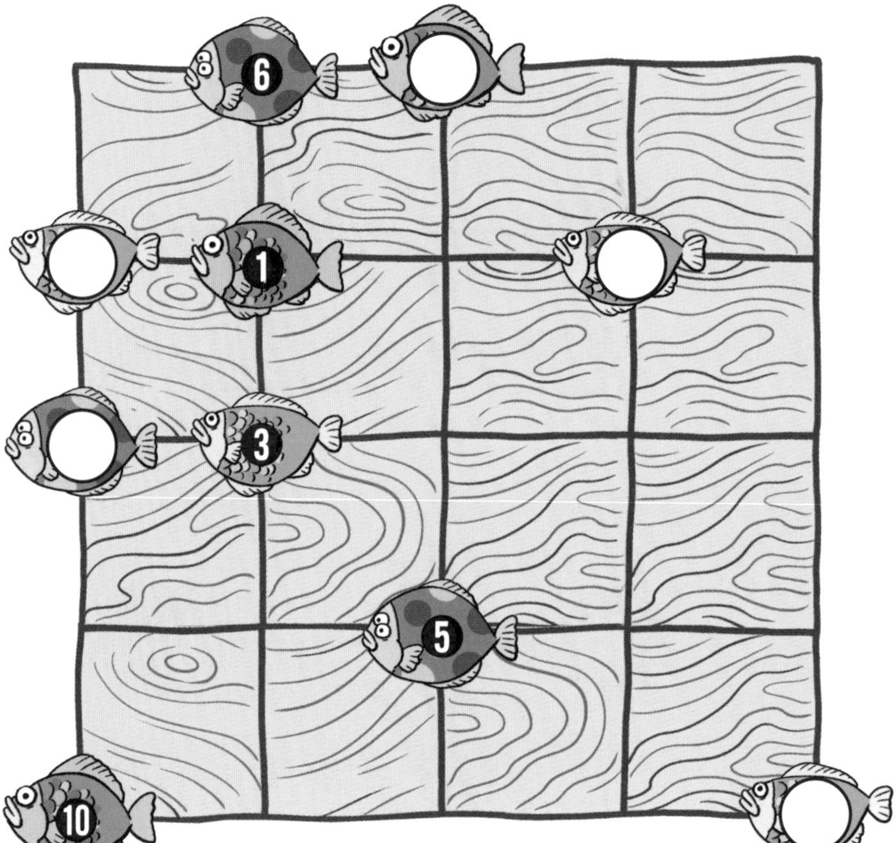

2

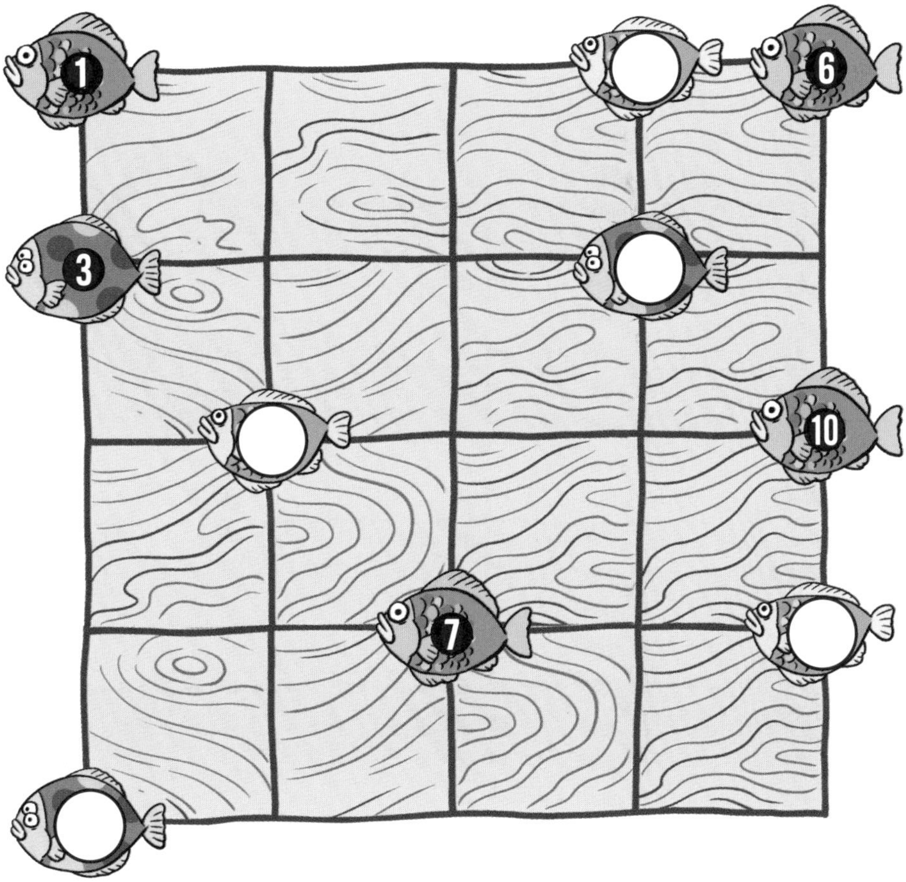

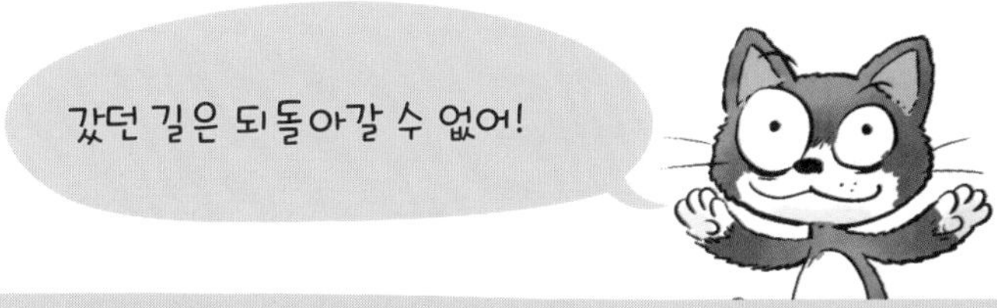

STEP 3 생선 먹기(3)

1 번호 순서대로 생선을 먹으려고 해요. 숫자가 없는 생선에는 번호를 쓰면서 선으로 이어 보세요.(단, 선 위를 다시 지나갈 수 없어요.)

1

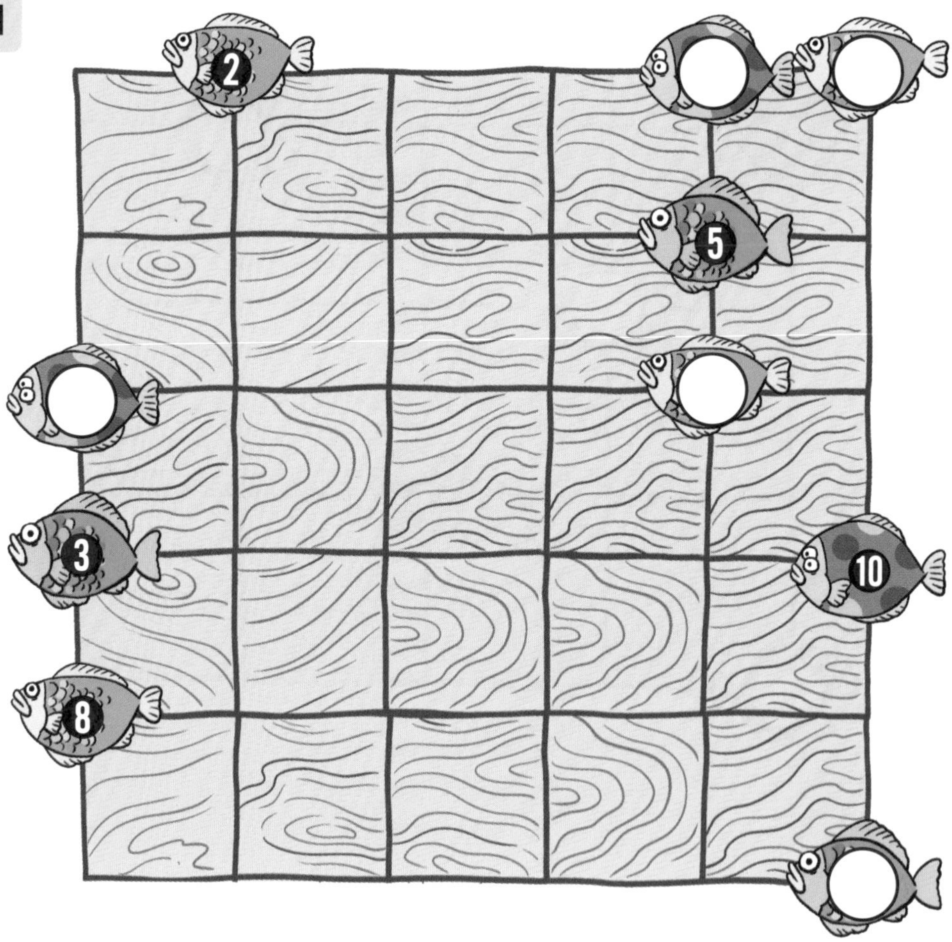

2

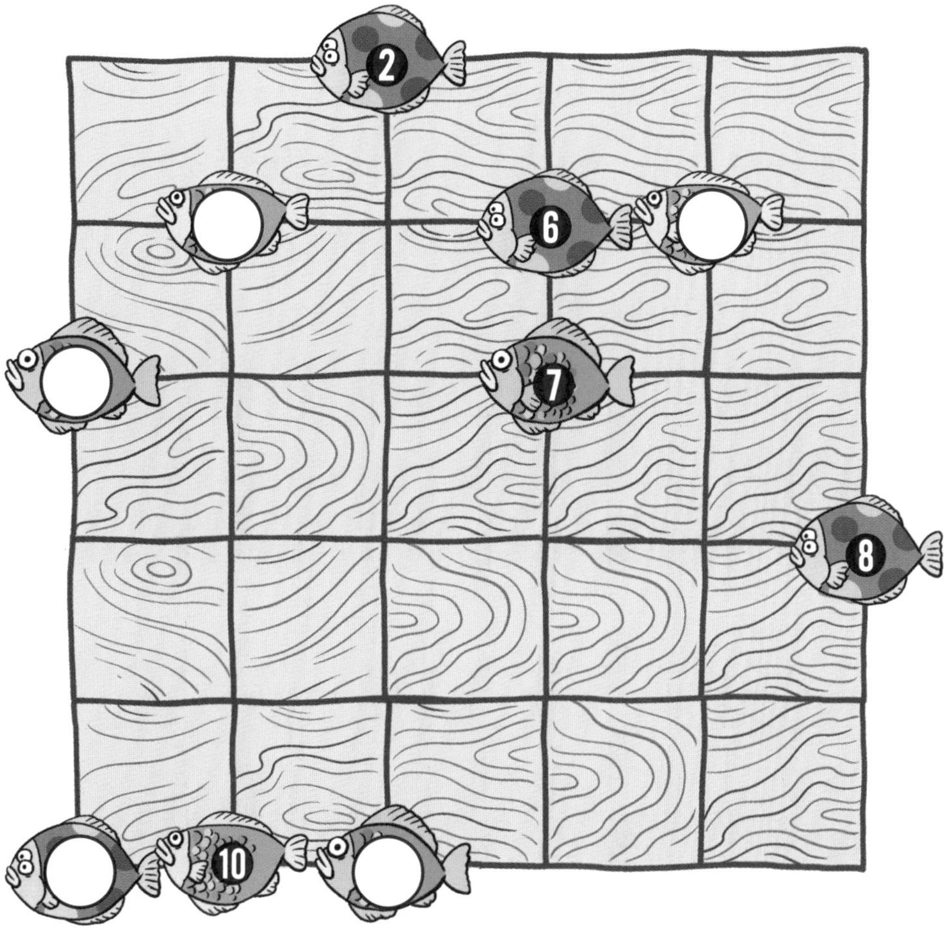

6 비밀번호는?

개와 고양이는 우연히 욕심쟁이 할머니에 대한 얘기를 듣게 됐어. 글쎄, 그 할머니가 갑자기 부자가 되었다지 뭐야. 뭔가 수상쩍다고 생각한 개와 고양이는 욕심쟁이 할머니 집으로 가서 살금살금 방 안을 몰래 들여다보았더니 이게 웬일이야!

욕심쟁이 할머니가 파란 구슬을 금고 안에 넣고 있었어.
"빨리 구슬을 되찾아 가자!"
고양이가 소리쳤지.
"그렇지만 저 금고를 어떻게 열지?"

"이건 특이한 자물쇠네. 자물쇠의 숫자가 하나만 비어 있어."
"아무 수나 넣어 보자."
개와 고양이가 아무 수나 넣으려는 순간, 지나가던 쥐가 말했어.
"아무 수나 넣으면 요란한 경고음이 울릴 거야. 그럼 너희뿐만 아니라 우리까지 욕심쟁이 할머니한테 걸릴 거라고. 자물쇠는 전체가 규칙이야."
그렇게 말하고는 쥐는 얼른 쥐구멍으로 숨어 버렸지.
"자물쇠 전체가 규칙이라고?"
"알겠다. 그러니까 1+2+1을 하면 4가 되잖아."
개가 말했어.
"그러게. 1+1+1을 하면 3이 돼. 그리고 3+1+1은 5야."
"그렇다면 1+2+3은 6이니까 4, 3, 5, 6이 아닐까?"
개와 고양이는 얼른 금고 비밀번호를 눌러 봤어.
그랬더니 띠리릭!
"우와, 열렸다!"

1 2 1 4
1 1 1 3
3 1 1 5
1 2 3

STEP 1

네모 칸의 규칙(1)

1 규칙을 찾아 빈칸에 알맞은 수를 써넣어 보세요.

1

1	12	2
2	27	7
4	43	3
3		6

2

3	23	2
4	14	1
5	45	4
2	32	

3

2	6	4
3	5	2
3	6	3
4		1

4

2	3	5
3	1	4
1	4	5
2		6

STEP 2

네모 칸의 규칙(2)

1 규칙을 찾아 빈칸에 알맞은 수를 써넣어 보세요.

1

2	2	1	5
2	2	2	6
1	1	3	5
2	2	3	

2

1	3	2	6
2	1	3	6
1	2		5
2	3	3	8

3

4	2	1	1
5	1	1	3
3	1	1	1
6	2	1	

4

4	1	1	2
6	1	1	4
5	2	1	2
7		3	2

STEP 2

네모 칸의 규칙(2)

5

1	4	2	1
2	3	2	3
3	1	1	3
6	8	5	

6

8	4	7	6
3	2	3	2
2	1		3
3	1	2	1

7

6	4	4	6
7	3	5	5
2	8	8	2
9	1	3	

8

2	4	1	2
3	6	2	4
1	2	4	8
3	6	5	

STEP 3

네모 칸의 규칙(3)

1 규칙을 찾아 빈칸에 알맞은 수를 써넣어 보세요.

1

1	2	2	5	3
4	6	5	8	7
3	4	3	3	

2

1	2	1	3	2
2	3	3	3	2
4	6	5	7	

3

5	4	6	5	7
3	1	3	1	2
1	2	2	3	

4

2	3	2	1	3
3	1	2	2	3
7	6	6	5	

7 블록 놀이

구슬을 되찾은 개와 고양이는 집에 돌아가려고 했어.
그런데 강물이 불어나서
헤엄을 칠 수 없게 되었지 뭐야.
"이 강을 건너려고?"
때마침 길을 지나가던 수달과 거북이 개와 고양이에게 물었어.
"우린 빨리 강을 건너야 하는데 어쩌지?"
개는 시무룩한 표정으로 강을 바라보며 말했어.
수달은 한참 골똘히 생각하더니 방법이 있다며 손뼉을 쳤어.
"바로 뗏목을 만드는 거야."
"마침 얼마 전에 홍수로 떠내려온 나무판들을 거북과 내가
건져 놓았거든."

주변을 살펴보니 실제로 강 근처에는 다음과 같은 나무판이 많이 있었어.

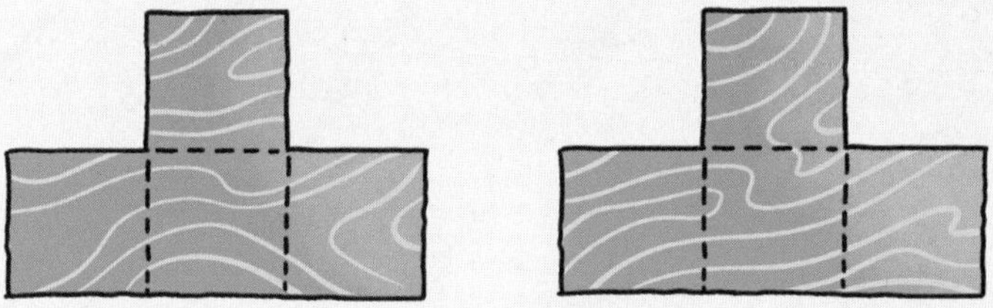

고양이와 개는 나무판으로 뗏목을 만들었지.
거북과 수달도 나무판들로 뗏목을 만들었어.
그런데 자세히 보니 누군가는 위의 나무판 2개와는 다른 나무판을 사용한 것 같아.
누가 다른 나무판을 사용해서 만들었을까?

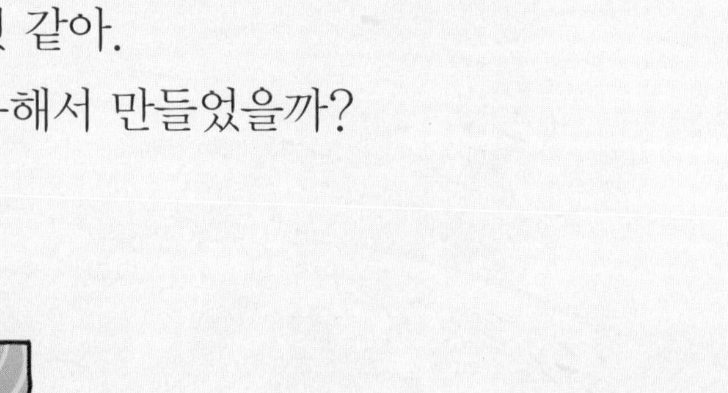

"이상하다, 모두 다 같은 나무판 2개를
사용한 것 같은데 뭔가 달라."
"자세히 살펴보자!"
개와 고양이는 나무판을 차근차근 살펴보았어.
"찾았니? 찾았어?"
"다른 친구들은 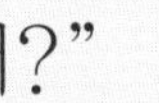 이 모양으로 뗏목을 만들었는데
개만 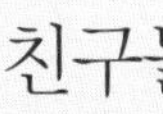 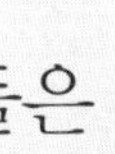 이 두 모양으로 뗏목을 만들었구나!"
"어쨌든 어서 할머니와 할아버지를 만나러 가자!"
고양이가 소리쳤어.

STEP 1 블록 만들기(1)

1 친구들이 주어진 2개의 나무판으로 모양을 만들었어요.
어떻게 만든 것인지 아래처럼 선을 그어 나타내어 보세요.

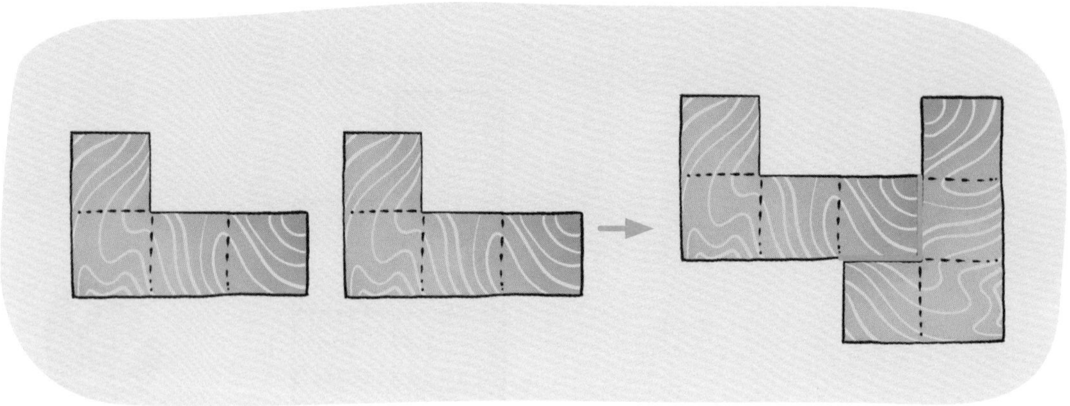

1

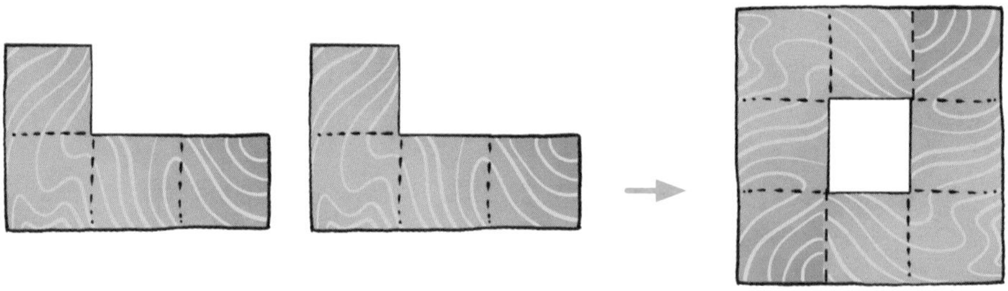

2

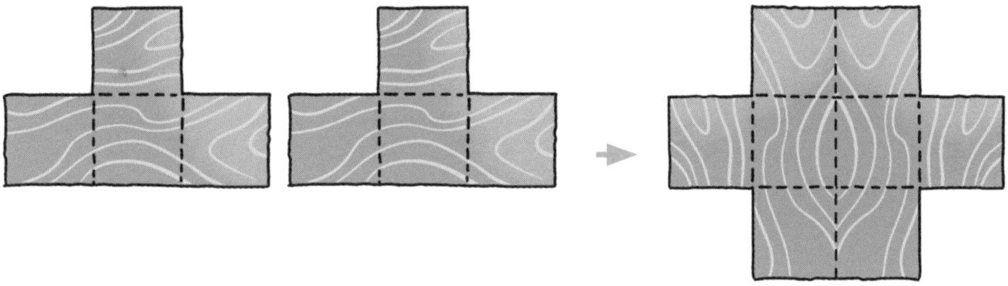

3

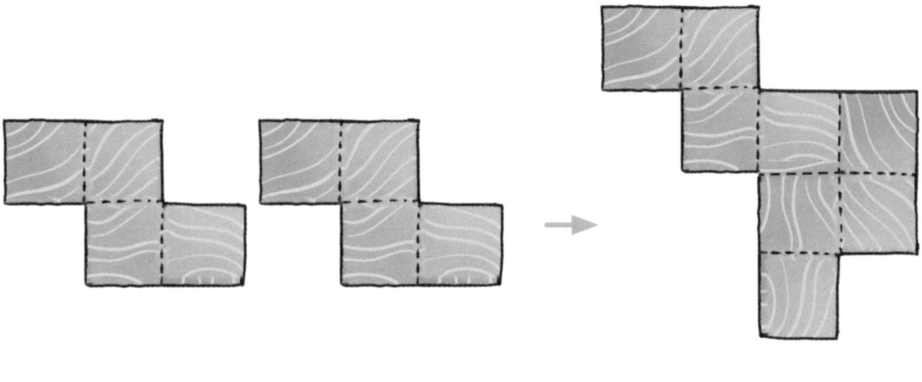

STEP 2 블록 만들기(2)

1 친구들이 아래의 블록 2개로 새로운 모양을 만들었어요.
다른 블록을 사용한 친구를 찾아 ○표 해 보세요.
(이때, 블록을 돌리거나 뒤집을 수 있어요.)

1

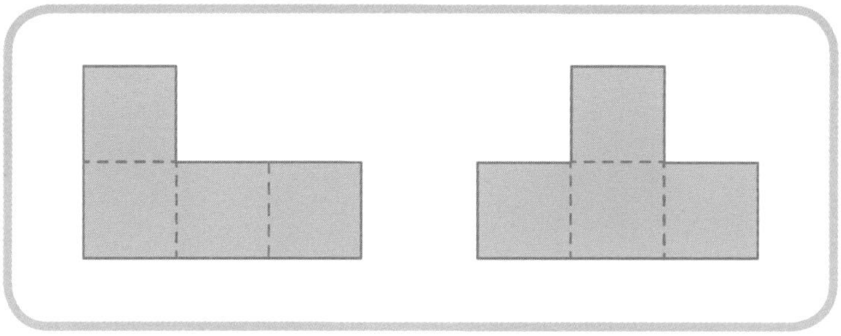

2

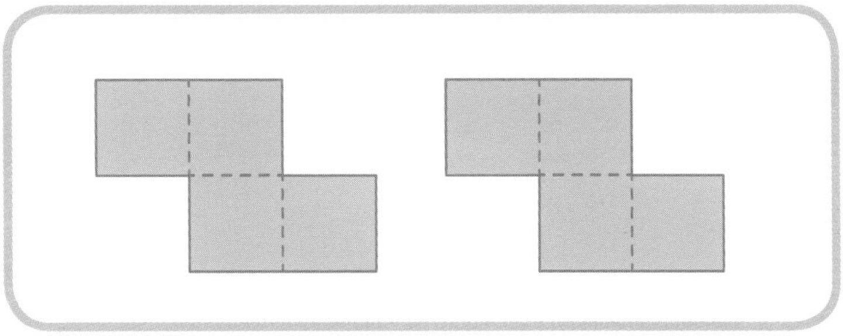

STEP 2

블록 만들기(2)

3

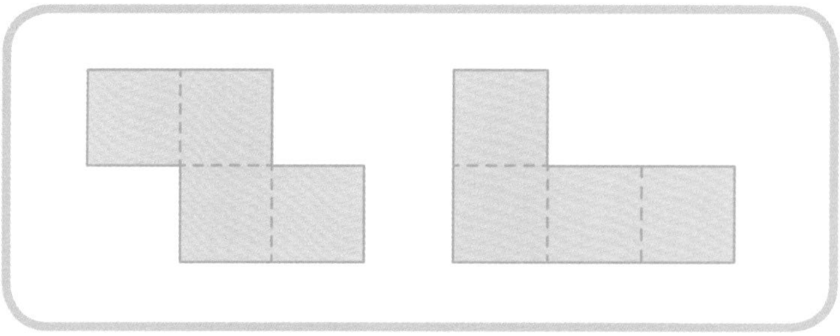

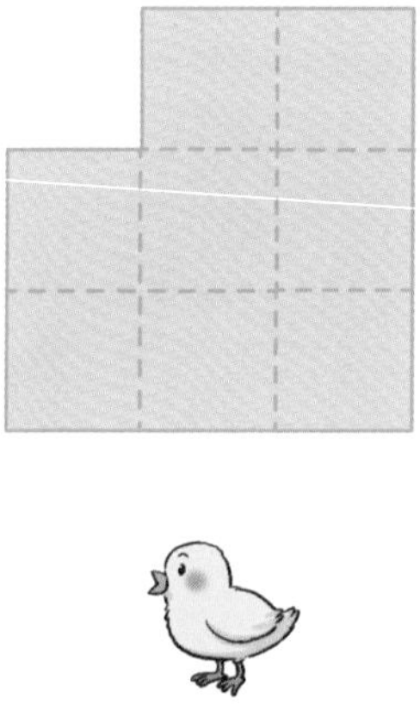

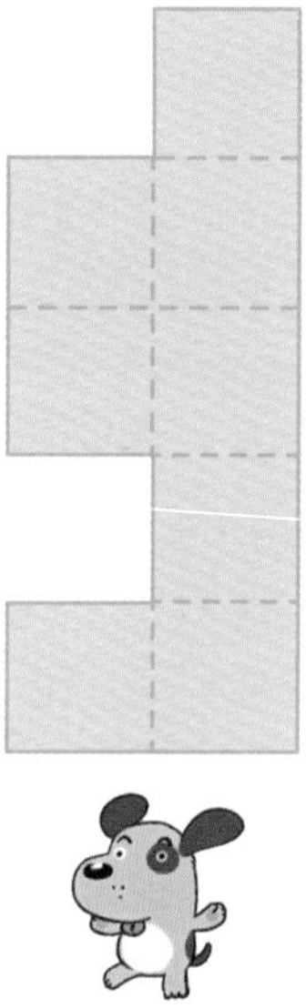

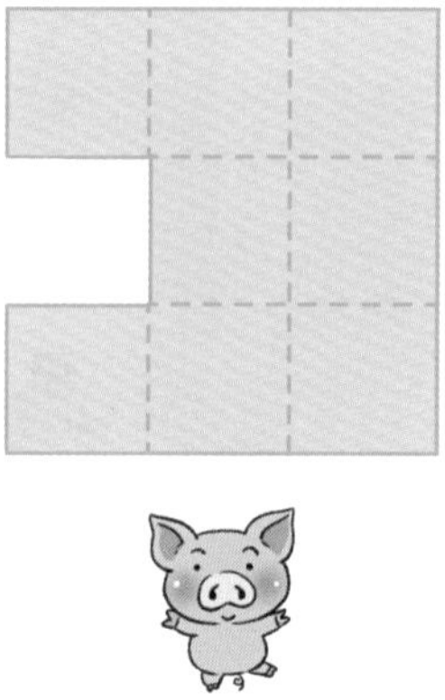

4

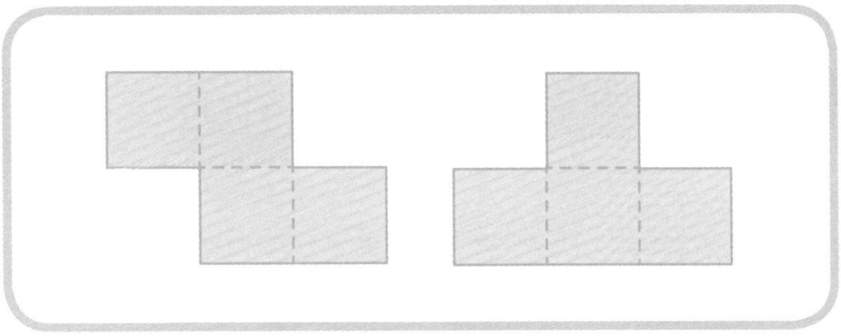

STEP 3 블록 만들기(3)

1 아래의 블록 2개로만 모양을 만든 친구 2명을 찾아 ○표 해 보세요.(이때, 블록을 돌리거나 뒤집을 수 있어요.)

1

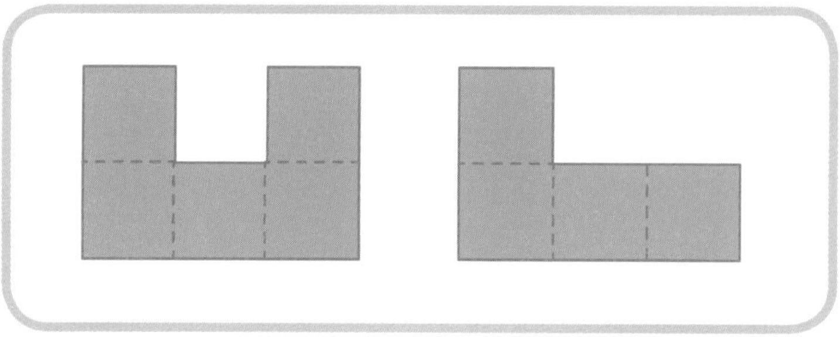

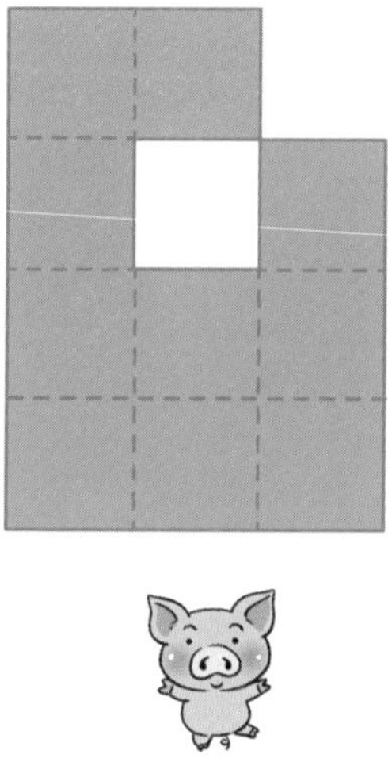

2

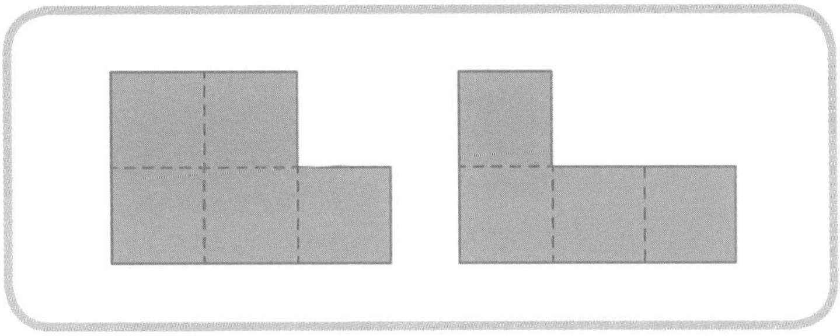

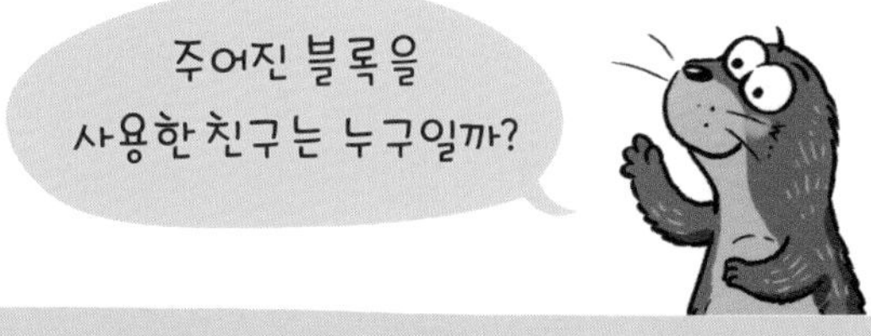

8 앞뒤로

"저기 할아버지의 모습이 보여!"

고양이가 외쳤어. 아니나 다를까.

저 멀리 강가에 낚싯대를 드리우고 있는 할아버지의 모습이 보였어.

"할아버지! 제가 파란 구슬을 찾았어요!"

고양이는 할아버지를 향해 영차영차 뗏목을 저었어.

"고양이야, 네가 파란 구슬을 찾은 게 아니라 우리가 함께 찾은 거잖아."

“몰라, 먼저 가서 말하는 사람이 임자지.”
고양이는 개를 약 올리고는 앞질러 갔어.
“같이 고생해서 구슬을 되찾았는데 혼자만 칭찬을 받으려
하다니!”
개도 이에 질세라 열심히 뗏목을 저었어. 개가 탄 뗏목이 점점 속도를 내기 시작했지. 그 모습을 본 수달과 거북도 힘껏 뗏목을 저었어.
개와 고양이, 수달과 거북의 뗏목이 엎치락뒤치락했어.

고양이의 뗏목이 모두를 앞질러 가나 싶었어.

그런데 고양이가 금세 힘이 빠졌는지 제일 뒤로 가게 됐어.

할아버지는 빨리 오라며 손짓을 했어. 그런데 개의 입속에 반짝이는 것이 보이지 뭐야. 그건 파란 구슬이었어. 그때 개가 구슬을 떨어뜨릴 뻔하면서 뗏목이 기우뚱하는 통에 제일 꼴찌로 가게 됐어. 이제는 앞에서부터 거북, 수달, 고양이, 개의 순서가 됐지.

이윽고 개와 고양이, 수달과 거북의 뗏목이 강가에 도착했어.
"너희가 파란 구슬을 되찾은 거로구나. 고맙다!"
할아버지는 모두를 얼싸안고 눈물을 흘렸어.
할아버지는 다시 부자가 되어 할머니, 개, 고양이와 오래오래 행복하게 살았단다.

STEP 1

춤을 춰요(1)

1 친구들이 나란히 줄을 서서 춤을 추는데, 앞에서 춤추던 친구는 맨 뒤로 옮겨 가면서 춤추고 있어요. 빈자리에는 어떤 친구가 들어갈지 붙임 딱지를 붙여 보세요.

1

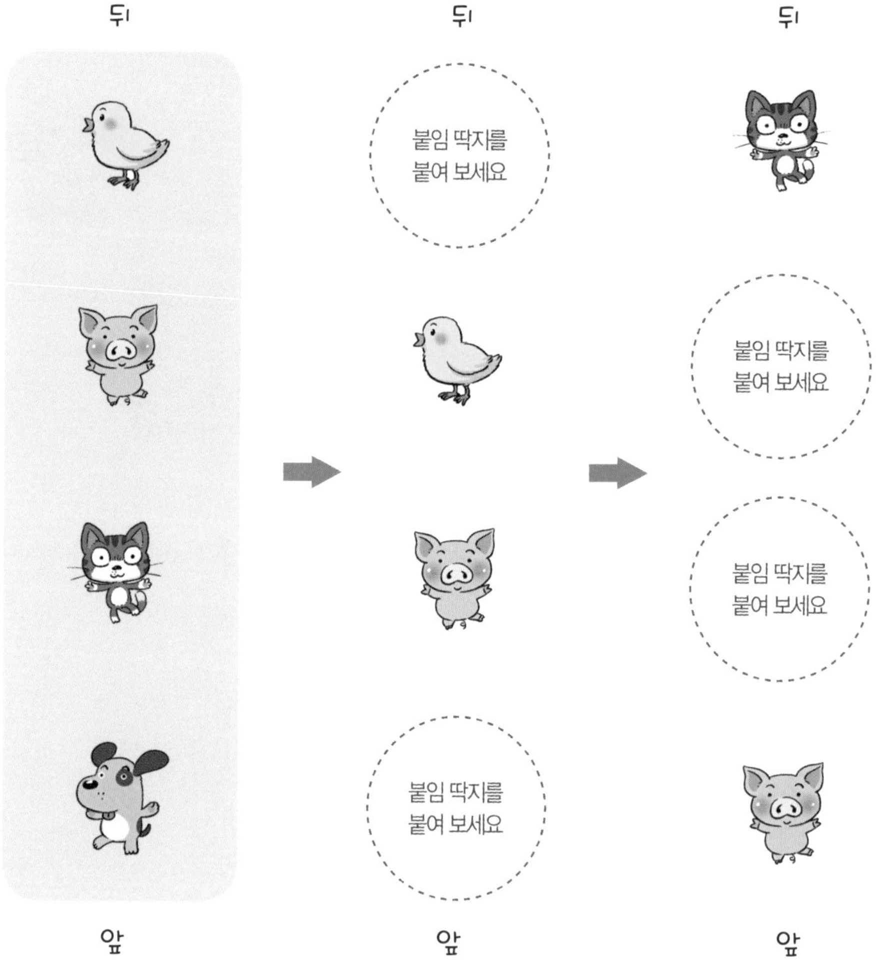

2

뒤	뒤	뒤
		붙임 딱지를 붙여 보세요
	붙임 딱지를 붙여 보세요	붙임 딱지를 붙여 보세요
	붙임 딱지를 붙여 보세요	붙임 딱지를 붙여 보세요
	붙임 딱지를 붙여 보세요	
앞	앞	앞

STEP 2 춤을 춰요(2)

1 친구들이 둥글게 서서 옆으로 옆으로 자리를 옮기며 춤을 춰요. 빈자리에는 어떤 친구가 들어갈지 붙임 딱지를 붙여 보세요.

1

2

붙임 딱지를
붙여 보세요
붙임 딱지를
붙여 보세요
붙임 딱지를
붙여 보세요

3

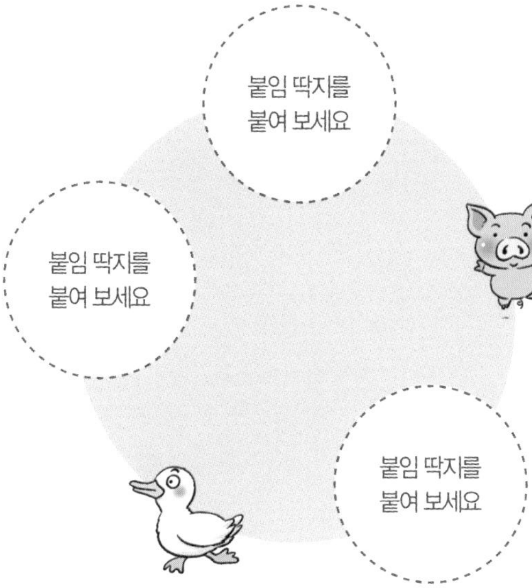
붙임 딱지를
붙여 보세요
붙임 딱지를
붙여 보세요
붙임 딱지를
붙여 보세요

STEP 2

춤을 춰요(2)

2 빈자리에는 어떤 친구가 들어갈지 붙임 딱지를 붙여 보세요.

1

2

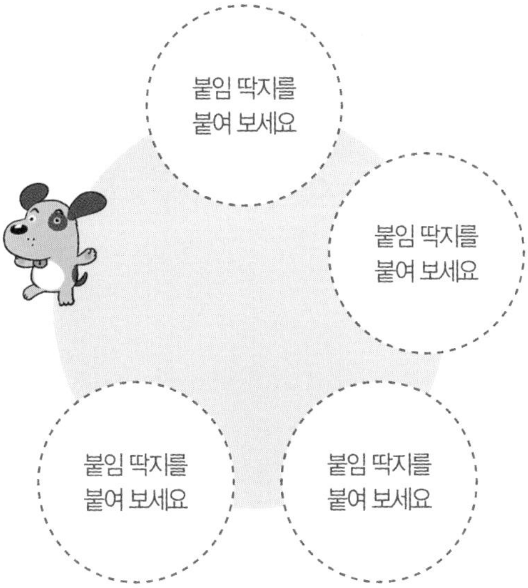
붙임 딱지를 붙여 보세요
붙임 딱지를 붙여 보세요
붙임 딱지를 붙여 보세요
붙임 딱지를 붙여 보세요

3

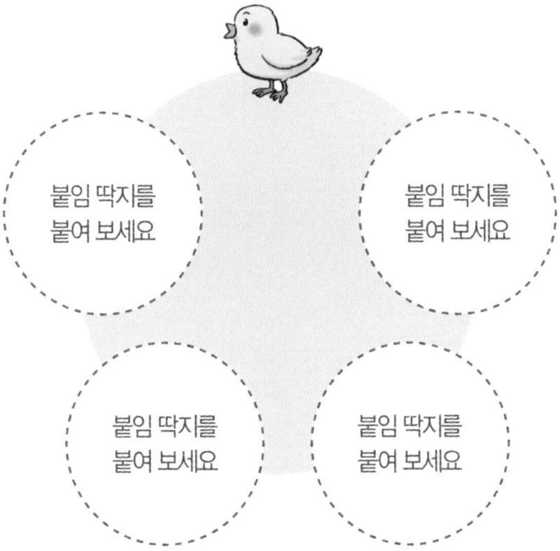
붙임 딱지를 붙여 보세요
붙임 딱지를 붙여 보세요
붙임 딱지를 붙여 보세요
붙임 딱지를 붙여 보세요

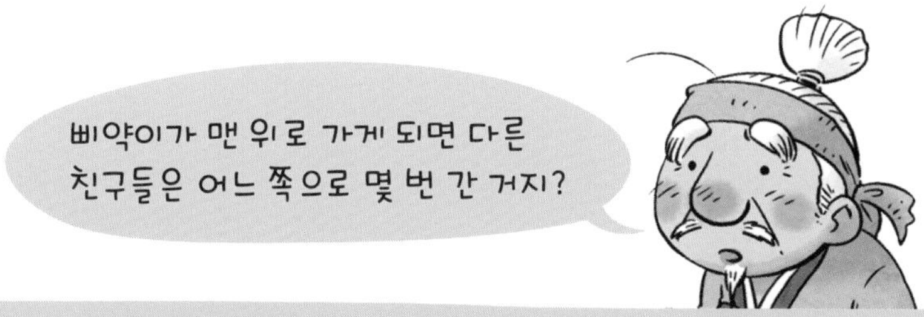
삐약이가 맨 위로 가게 되면 다른 친구들은 어느 쪽으로 몇 번 간 거지?

STEP 3 춤을 춰요(3)

1 친구들이 두 줄로 서서 춤을 춰요. 춤을 출 때 1번은 2번으로, 2번은 3번으로, ……, 5번은 6번으로, 6번은 1번으로 움직여요. 빈자리에는 어떤 친구가 들어갈지 붙임 딱지를 붙여 보세요.

1

붙임 딱지를
붙여 보세요

붙임 딱지를
붙여 보세요

붙임 딱지를
붙여 보세요

2

붙임 딱지를 붙여 보세요

붙임 딱지를 붙여 보세요

붙임 딱지를 붙여 보세요

3

붙임 딱지를 붙여 보세요

붙임 딱지를 붙여 보세요

붙임 딱지를 붙여 보세요

붙임 딱지를 붙여 보세요

정답과 풀이

16~17쪽

STEP 1 다른 특징 찾기(1)

1 네 장의 카드 중 다른 한 장의 카드를 찾아 ○표 해 보세요.

1

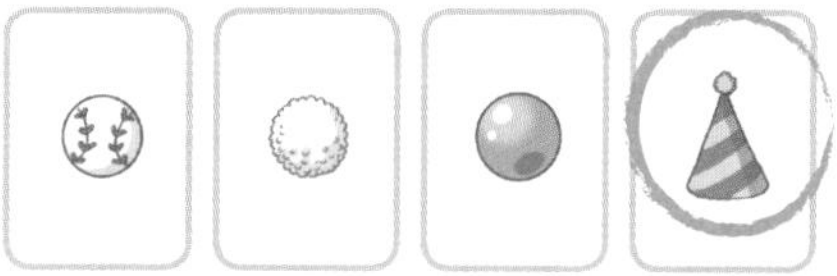

2

2 친구들이 집 그림을 그렸어요. 다르게 그린 친구가 한 명 있네요. 어떤 친구가 다르게 그렸는지 ○표 해 보세요.

18~19쪽

STEP 2 다른 특징 찾기(2)

1 친구들이 각각 원판 하나씩을 가지고 있어요. 다른 원판을 가지고 있는 친구에게 ○표 해 보세요.

1

2

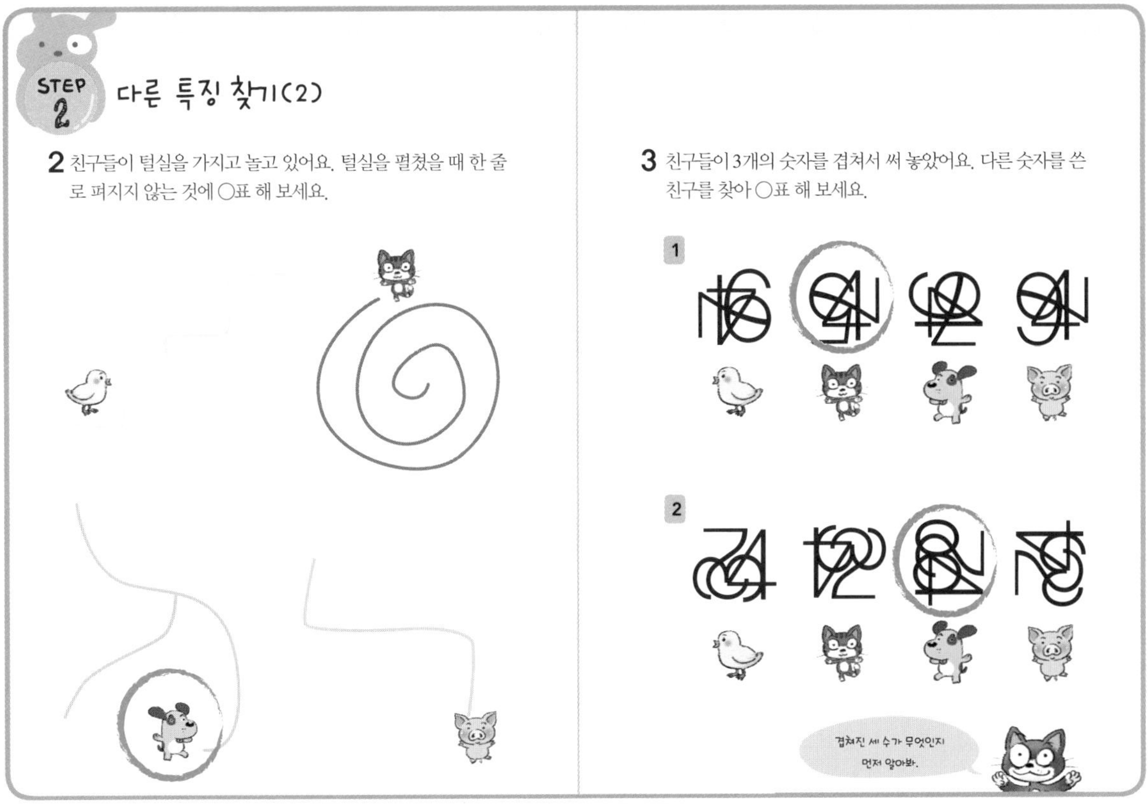

2

다른 모양은 이 털실을 처음과 끝을 잡아 당기면 ── 와 같이 한 줄로 펼 수 있습니다. 하지만 ⅄ 모양은 세 갈래로 갈라져 있기 때문에 한 줄로 펼 수 없습니다.

3

1 다른 친구들은 4, 6, 7을 썼고, 야옹이는 4, 5, 7을 썼습니다. 숫자들이 겹쳐져 있어서 5와 6은 비슷한 모양처럼 보이지만 연결된 부분이 다르므로 잘 관찰하여 찾아봅니다.

2 다른 친구들은 2, 3, 4를 썼고, 멍멍이는 2, 4, 8을 썼습니다. 숫자들이 겹쳐져 있어서 3과 8은 비슷한 모양처럼 보이지만 연결된 부분이 다르므로 잘 관찰하여 찾아봅니다.

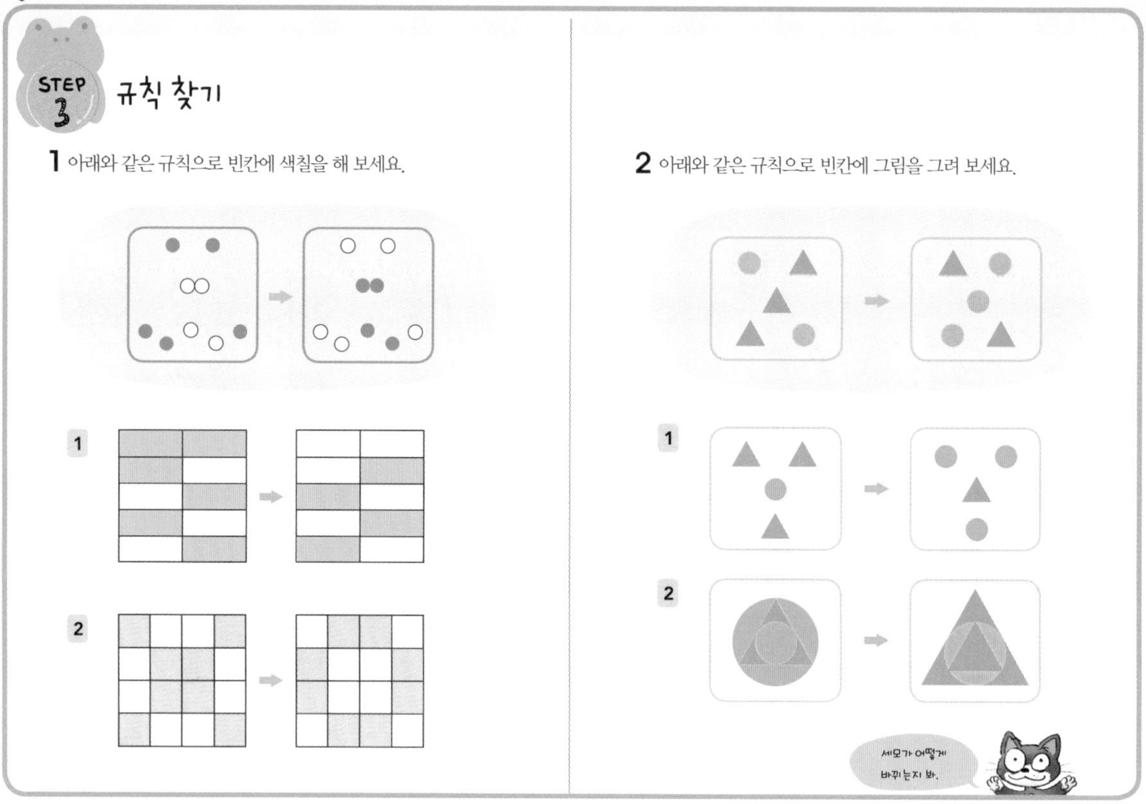
STEP 3 규칙 찾기

1 아래와 같은 규칙으로 빈칸에 색칠을 해 보세요.

1

2

2 아래와 같은 규칙으로 빈칸에 그림을 그려 보세요.

1

2

세모가 어떻게 바뀌는지 봐.

1

규칙을 살펴보면 색칠된 ●는 색칠 안 된 ○로, 색칠 안 된 ○는 색칠된 ●로 바뀌었습니다. 따라서 주어진 도형의 색칠된 부분은 색칠을 하지 않고, 색칠이 안 된 부분은 색칠을 합니다.

1

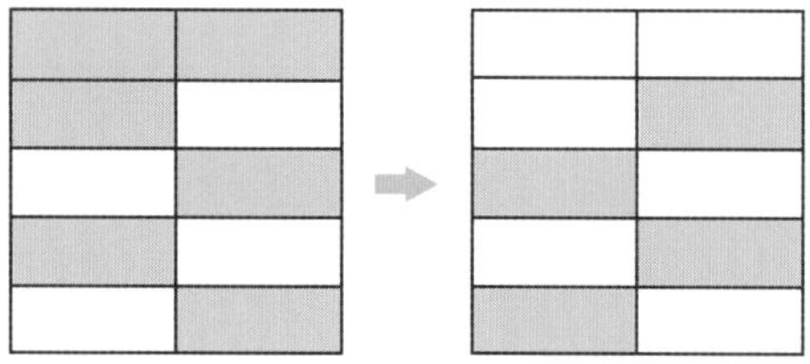

2

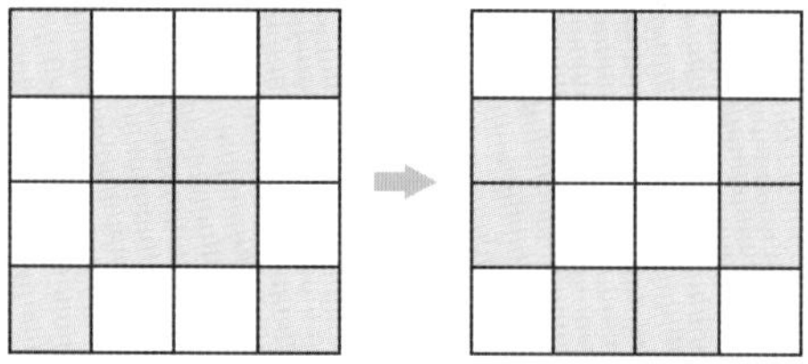

2

규칙을 살펴보면 ●는 ▲로, ▲는 ●로 바뀌었습니다. 따라서 주어진 모양에서 ●는 ▲로, ▲는 ●로 바꾸어 그립니다.

1

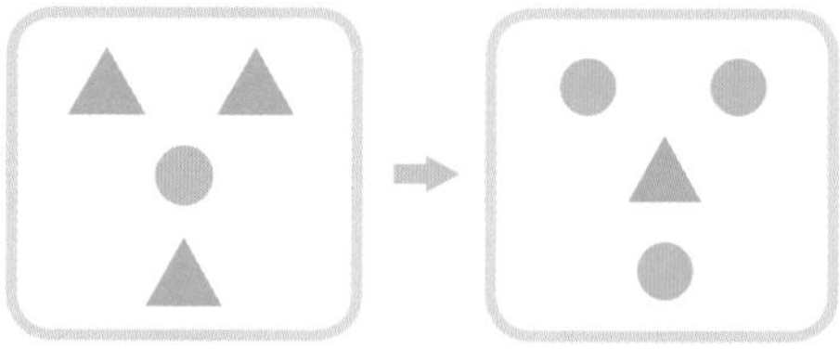

2

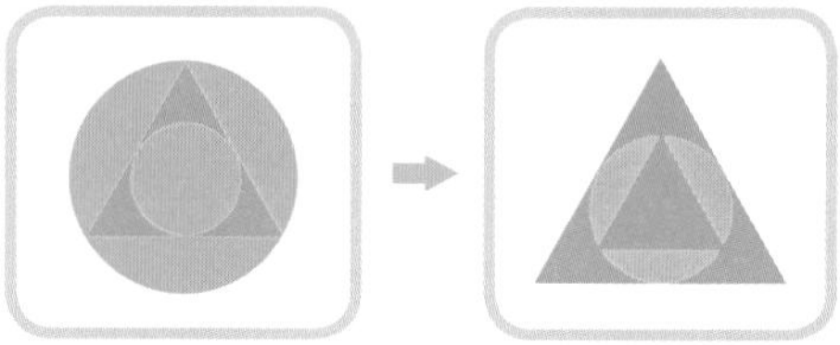

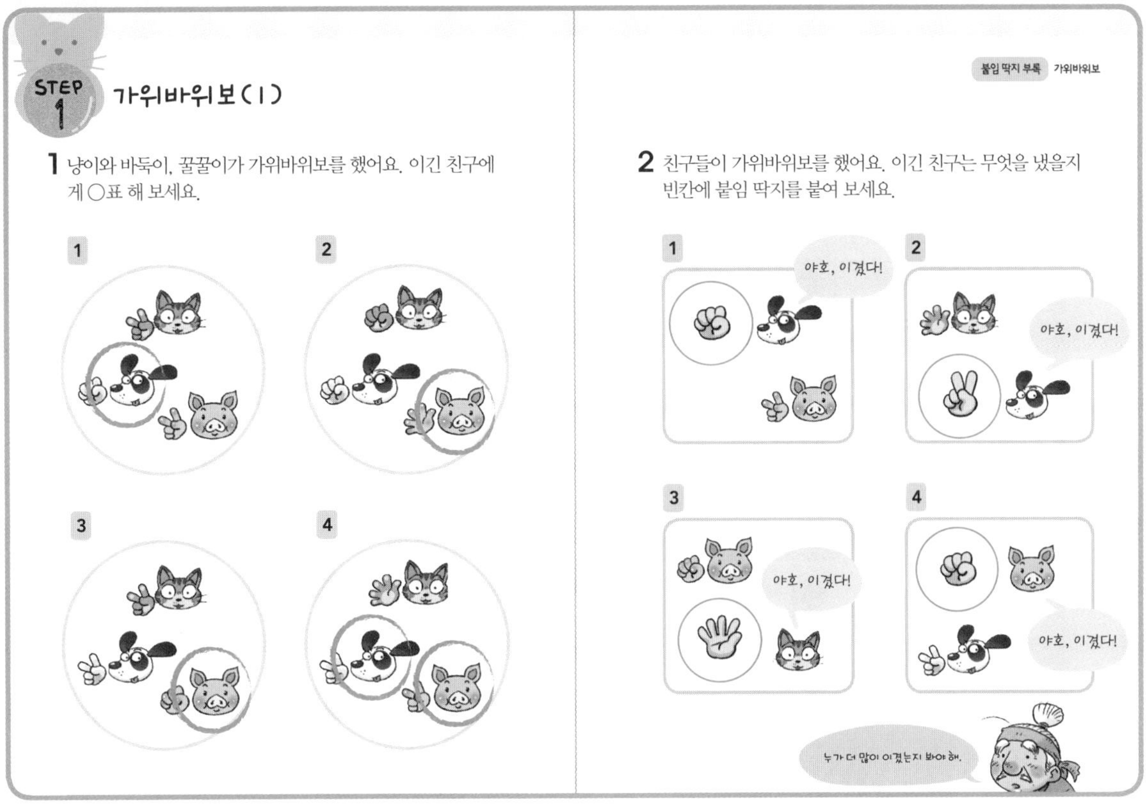
STEP 1 가위바위보(1)

1 냥이와 바둑이, 꿀꿀이가 가위바위보를 했어요. 이긴 친구에게 ○표 해 보세요.

1 2 3 4

붙임 딱지 부록 가위바위보

2 친구들이 가위바위보를 했어요. 이긴 친구는 무엇을 냈을지 빈칸에 붙임 딱지를 붙여 보세요.

1 야호, 이겼다!

2 야호, 이겼다!

3 야호, 이겼다!

4 야호, 이겼다!

누가 더 많이 이겼는지 봐야 해.

1

1 가위–바위–가위 : 바위가 이깁니다.

2 바위–바위–보 : 보가 이깁니다.

3 가위–가위–바위 : 바위가 이깁니다.

4 보–가위–가위 : 가위를 낸 두 친구가 이깁니다.

2

1 가위에 이기려면 바위를 내야 합니다.

2 보에 이기려면 가위를 내야 합니다.

3 바위에 이기려면 보를 내야 합니다.

4 가위에 이기려면 바위를 내야 합니다.

[참고]

둘이 가위바위보를 하면 다음과 같이 9가지 경우가 나옵니다.

- 가위–가위(무승부)
- 가위–바위(바위 승)
- 가위–보(가위 승)

- 바위–가위(바위 승)
- 바위–바위(무승부)
- 바위–보(보 승)

- 보–가위(가위 승)
- 보–바위(보 승)
- 보–보(무승부)

30~31쪽

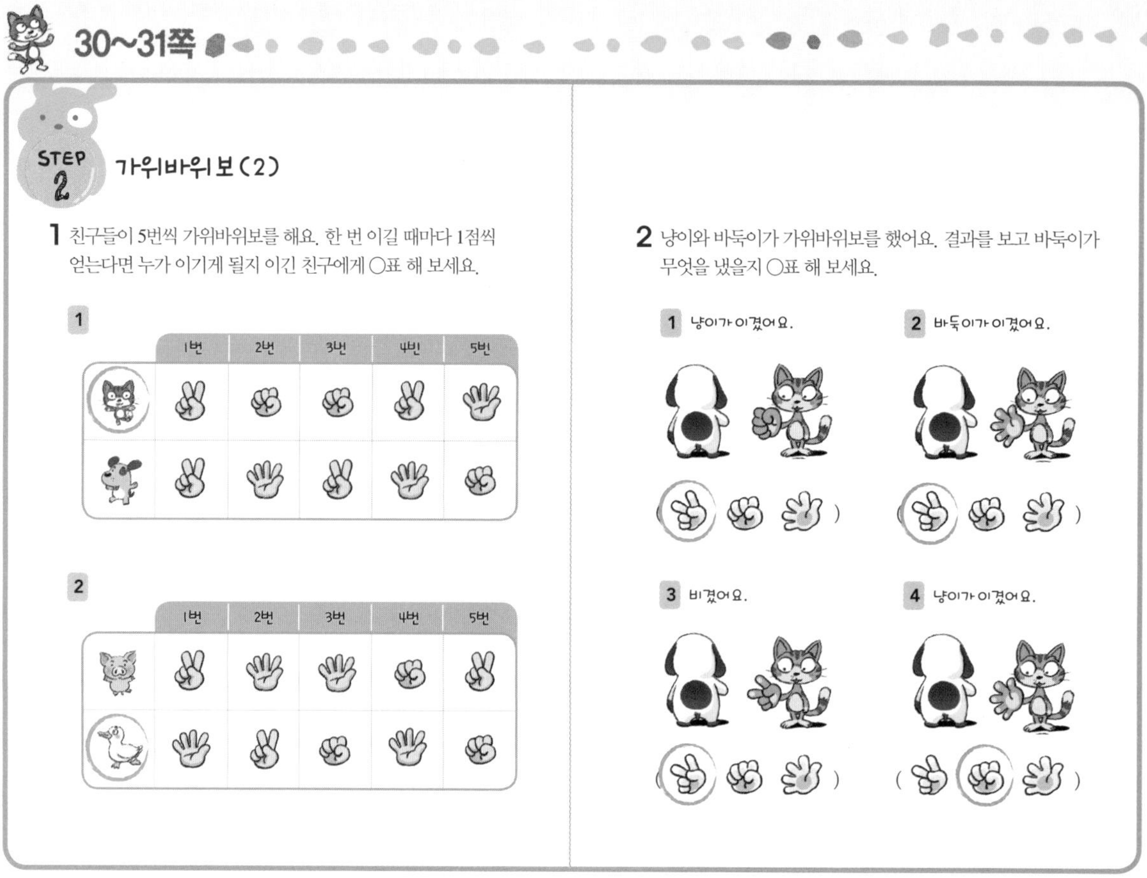
STEP 2 가위바위보 (2)

1 친구들이 5번씩 가위바위보를 해요. 한 번 이길 때마다 1점씩 얻는다면 누가 이기게 될지 이긴 친구에게 ○표 해 보세요.

1

1번 2번 3번 4번 5번

2

1번 2번 3번 4번 5번

2 냥이와 바둑이가 가위바위보를 했어요. 결과를 보고 바둑이가 무엇을 냈을지 ○표 해 보세요.

1 냥이가 이겼어요.

2 바둑이가 이겼어요.

3 비겼어요.

4 냥이가 이겼어요.

1

1 야옹이는 3점, 멍멍이는 1점이므로 야옹이가 이깁니다.

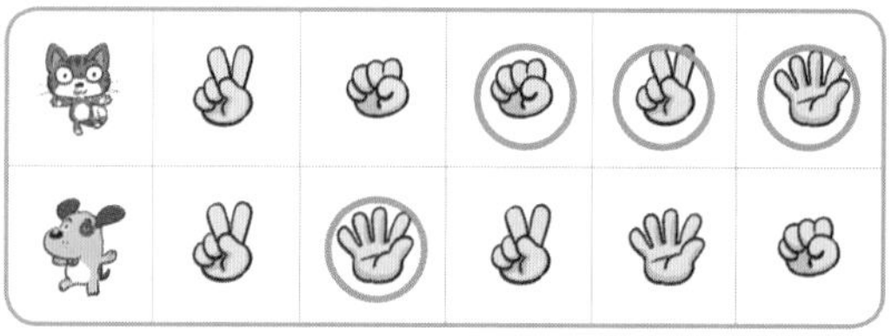

2 꿀꿀이는 2점, 꽥꽥이는 3점이므로 꽥꽥이가 이깁니다.

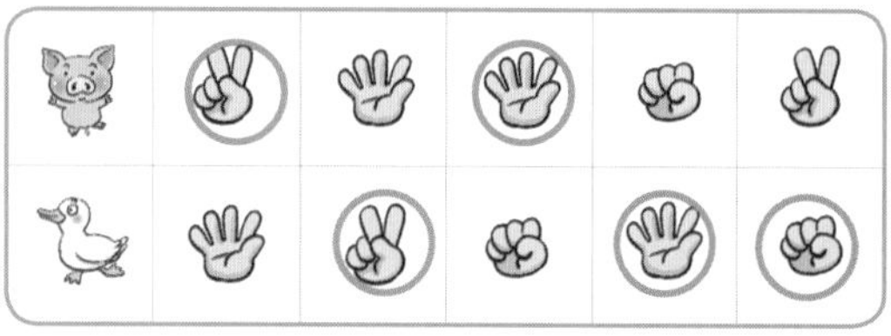

2

1 냥이가 바위를 내서 이겼으므로 바둑이는 가위를 냈습니다.

2 냥이가 보를 내서 졌으므로 바둑이는 가위를 냈습니다.

3 냥이가 가위를 내서 비겼으므로 바둑이도 가위를 냈습니다.

4 냥이가 보를 내서 이겼으므로 바둑이는 바위를 냈습니다.

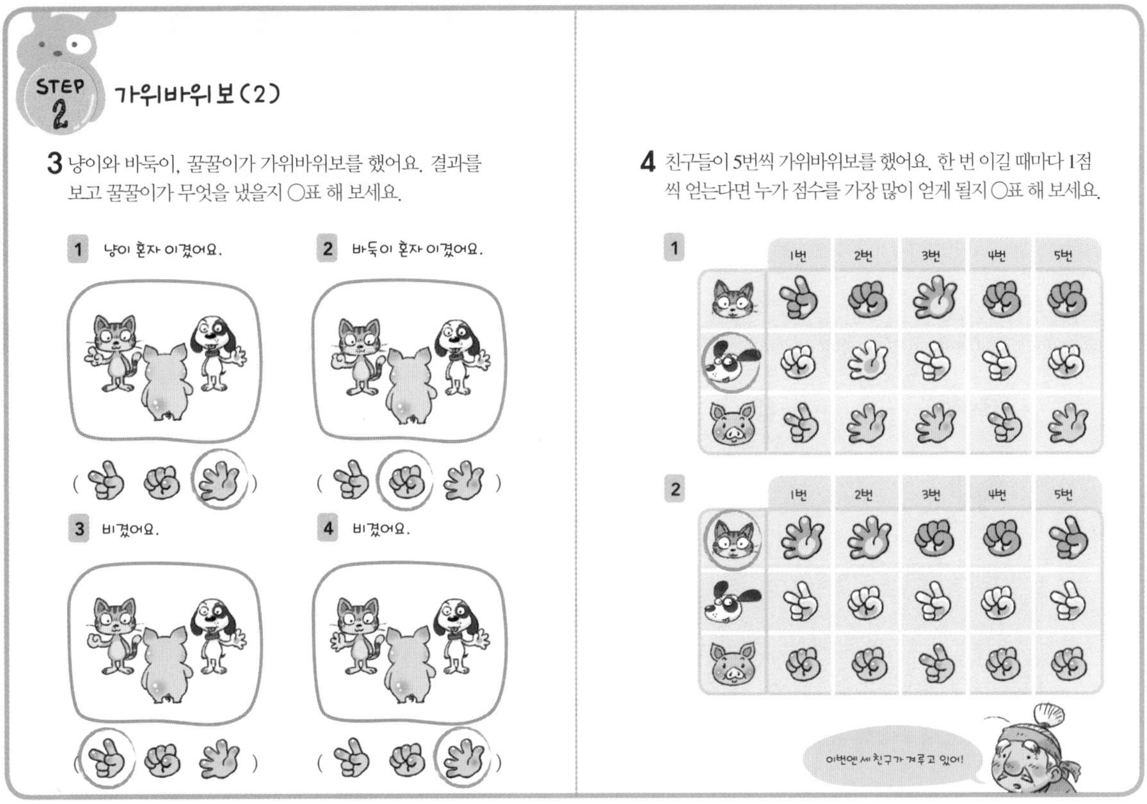
STEP 2 가위바위보(2)

3 냥이와 바둑이, 꿀꿀이가 가위바위보를 했어요. 결과를 보고 꿀꿀이가 무엇을 냈을지 ○표 해 보세요.

1 냥이 혼자 이겼어요.

2 바둑이 혼자 이겼어요.

3 비겼어요.

4 비겼어요.

4 친구들이 5번씩 가위바위보를 했어요. 한 번 이길 때마다 1점씩 얻는다면 누가 점수를 가장 많이 얻게 될지 ○표 해 보세요.

3

1 냥이 혼자 이겼으므로 꿀꿀이는 냥이에게 졌습니다. 냥이는 가위를 냈으므로 꿀꿀이는 보를 냈습니다.

2 바둑이 혼자 이겼으므로 꿀꿀이는 바둑이에게 졌습니다. 바둑이는 보를 냈으므로 꿀꿀이는 바위를 냈습니다.

3 비기는 경우는 모두 다른 것을 내거나 모두 같은 것을 낸 경우입니다. 냥이와 바둑이가 서로 다른 것을 냈으므로 꿀꿀이는 바위도 보도 아닌 가위를 냈습니다.

4 냥이와 바둑이가 같은 것을 냈고 비겼으므로 꿀꿀이도 같은 것인 보를 냈습니다.

4

1

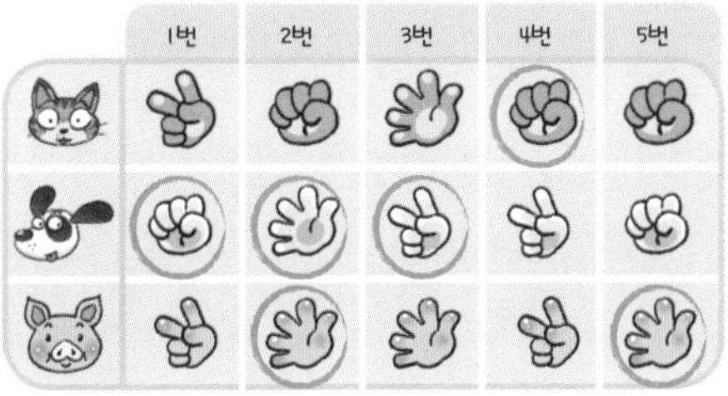

냥이는 1점, 바둑이는 3점, 꿀꿀이는 2점이므로 바둑이가 점수를 가장 많이 얻게 됩니다.

2 냥이 2점, 바둑이 0점, 꿀꿀이 1점이므로, 냥이가 점수를 가장 많이 얻게 됩니다.

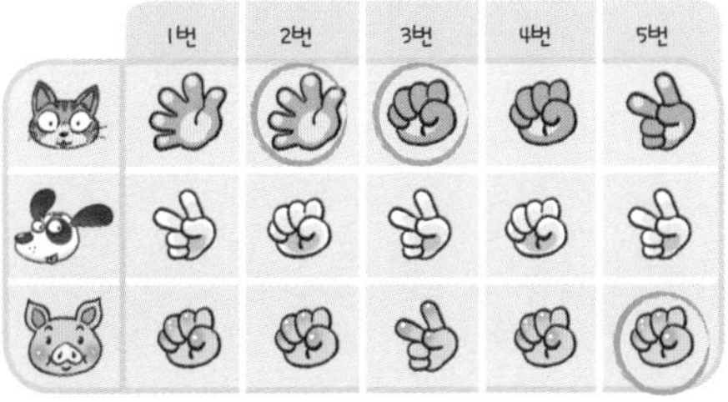

34~35쪽

STEP 3 가위바위보 (3)

붙임 딱지 부록 가위바위보

1 친구들이 가위바위보를 했어요. 설명을 읽고 물음에 답해 보세요.

1 꿀꿀이는 무엇을 냈을지 붙임 딱지를 붙여 보세요.

- 냥이, 바둑이, 꿀꿀이가 가위바위보를 해요.
- 냥이와 바둑이를 보면 냥이가 이겼어요.
- 바둑이와 꿀꿀이를 보면 바둑이가 이겼어요.
- 냥이는 보를 냈어요.

2 냥이는 무엇을 냈을지 붙임딱지를 붙여 보세요.

- 냥이, 바둑이, 꿀꿀이가 가위바위보를 해요.
- 냥이와 바둑이를 보면 바둑이가 이겼어요.
- 바둑이와 꿀꿀이를 보면 꿀꿀이가 이겼어요.
- 꿀꿀이는 바위를 냈어요.

먼저 둘씩 비교해서 이긴 친구를 찾아봐.

1 세 친구가 가위바위보를 했는데 그중 둘씩만 살펴보면 냥이가 바둑이를 이겼고, 바둑이는 꿀꿀이를 이겼습니다. 냥이는 보를 냈으므로 바둑이는 바위를 내서 냥이가 이겼고, 꿀꿀이는 가위를 내서 바둑이가 이겼습니다.

2 세 친구가 가위바위보를 했는데 그중 둘씩만 살펴보면 바둑이가 냥이를 이겼고, 꿀꿀이는 바둑이를 이겼습니다. 꿀꿀이는 바위를 냈으므로 바둑이는 가위를 내서 꿀꿀이가 이겼고, 냥이는 보를 내서 바둑이가 이겼습니다.

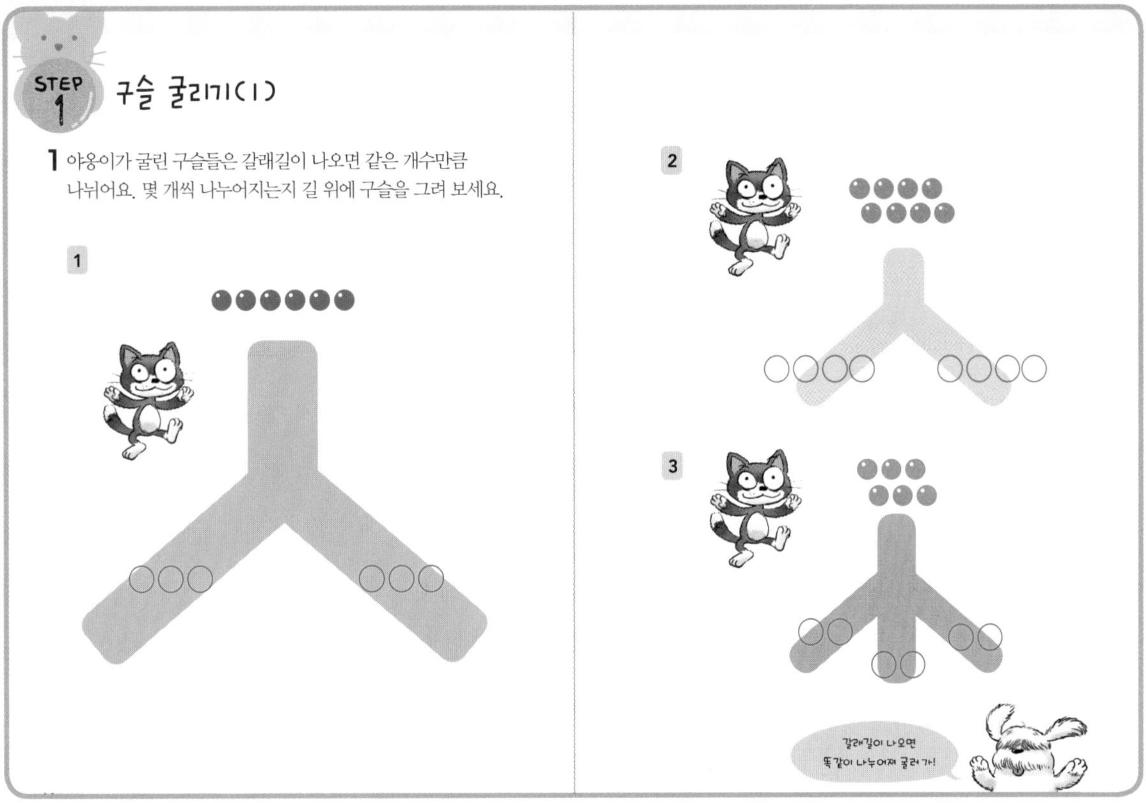

1

두 갈래 또는 세 갈래로 똑같이 나누어 보는 활동입니다. 바둑돌과 같은 구체물을 이용해서 똑같이 나누어 보는 것도 좋습니다.

1 6개를 두 갈래로 똑같이 나누면 3개씩 나누어집니다. 6개의 바둑돌을 2곳에 1개씩 순서대로 나누어 놓다 보면 3개씩 놓이게 됩니다.

2 8개를 두 갈래로 똑같이 나누면 4개씩 나누어집니다. 8개의 바둑돌을 2곳에 1개씩 순서대로 나누어 놓다 보면 4개씩 놓이게 됩니다.

3 6개를 세 갈래로 똑같이 나누면 2개씩 나누어집니다. 6개의 바둑돌을 3곳에 1개씩 순서대로 나누어 놓다 보면 2개씩 놓이게 됩니다.

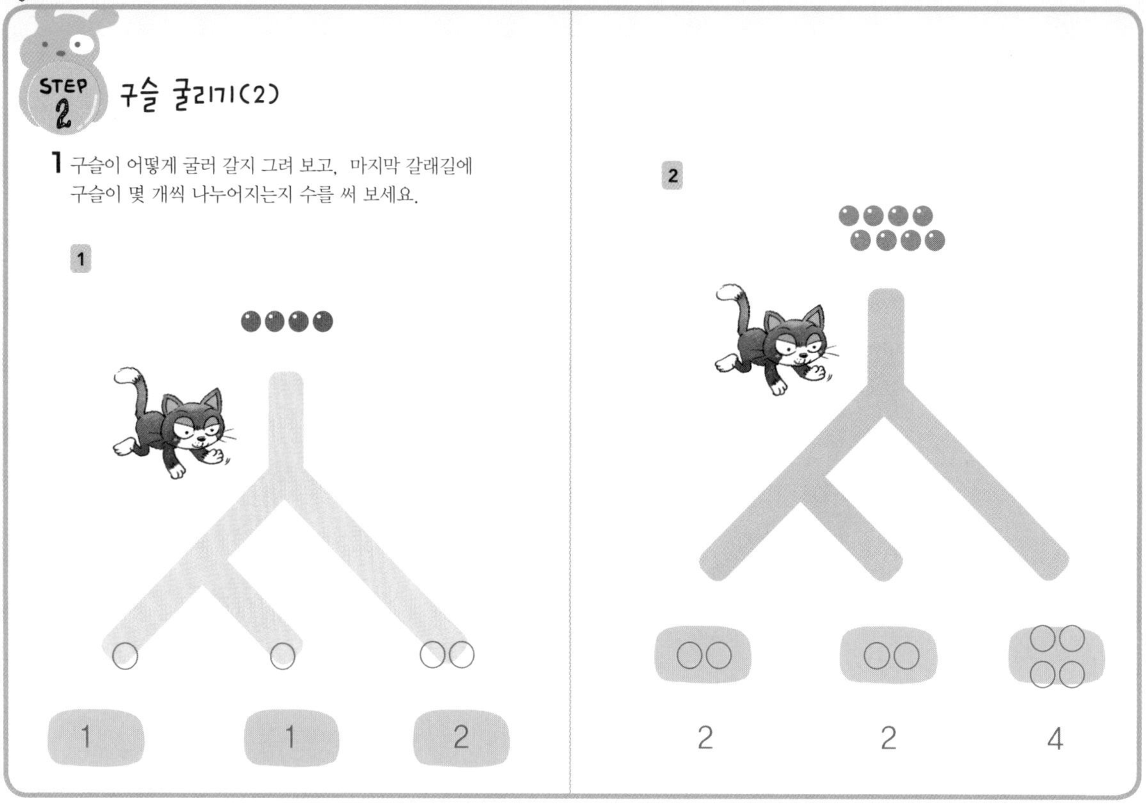

STEP 2 구슬 굴리기(2)

1 구슬이 어떻게 굴러 갈지 그려 보고, 마지막 갈래길에 구슬이 몇 개씩 나누어지는지 수를 써 보세요.

1

1 1 2

2

2 2 4

구슬은 갈래길이 나오면 똑같은 구슬 수만큼 나누어집니다.

1

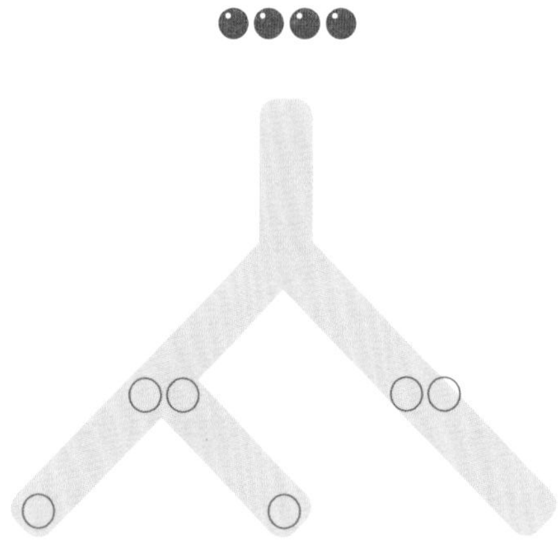

1 1 2

2

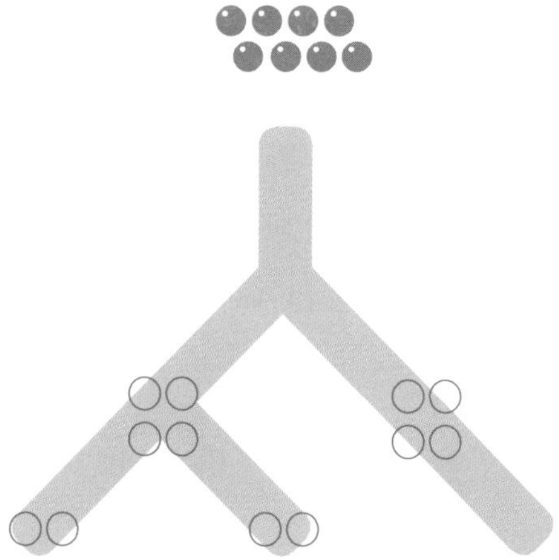

2 2 4

STEP 2 구슬 굴리기(2)

3

2 2 2 2

4

1 1 1 3

3

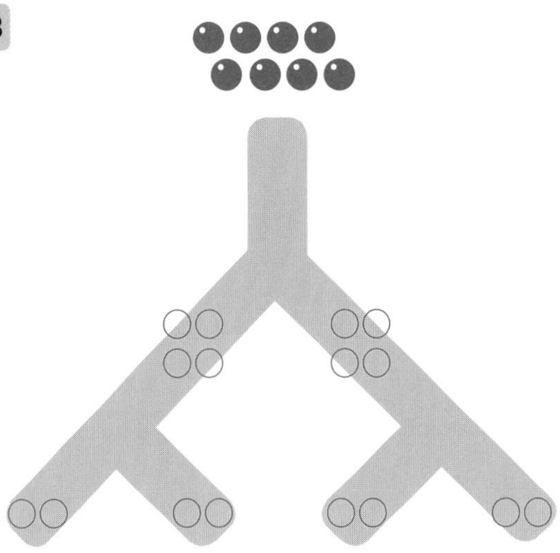

2 2 2 2

4

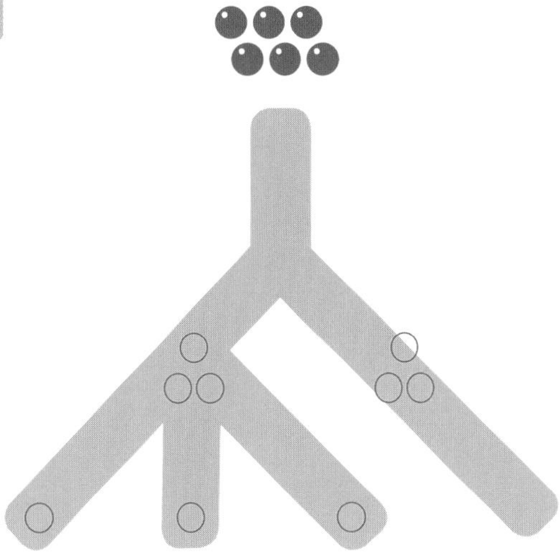

1 1 1 3

STEP 3 물 흘리기

1 야옹이가 부은 물은 갈래길이 나오면 같은 양만큼 나누어 져요. 물은 몇 컵씩 나누어져 흘러가는지 빈칸에 그려 보세요.

1

2

3

1

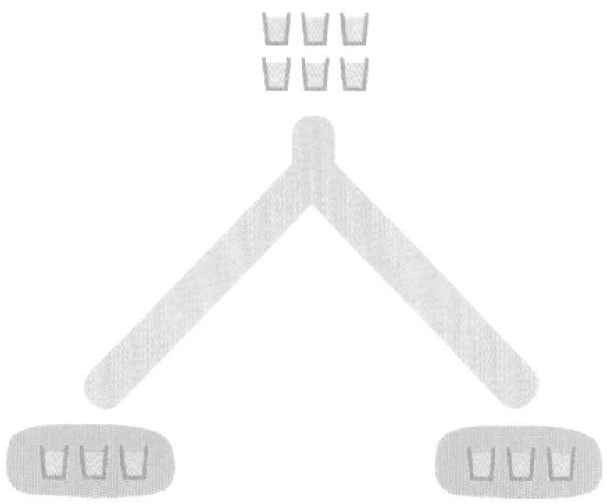

3컵 3컵

2

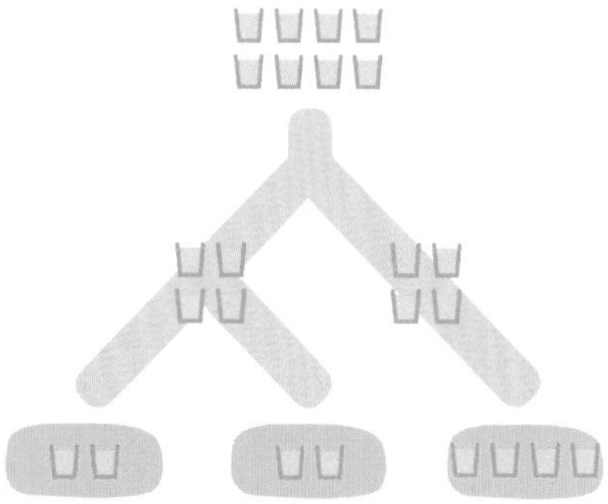

2컵 2컵 4컵

3

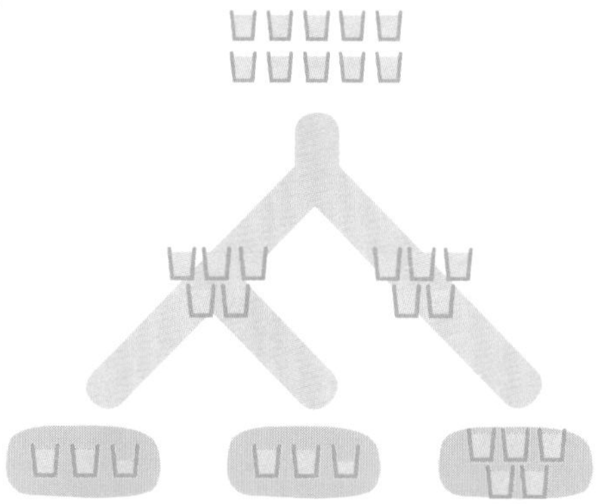

2컵 반 2컵 반 5컵

STEP 1 만나는 지점(1)

1 야옹이와 꽥꽥이가 굵은 선을 따라 같은 빠르기로 길을 걷고 있어요. 야옹이와 꽥꽥이가 만나게 될 곳에 ★표 해 보세요.

1

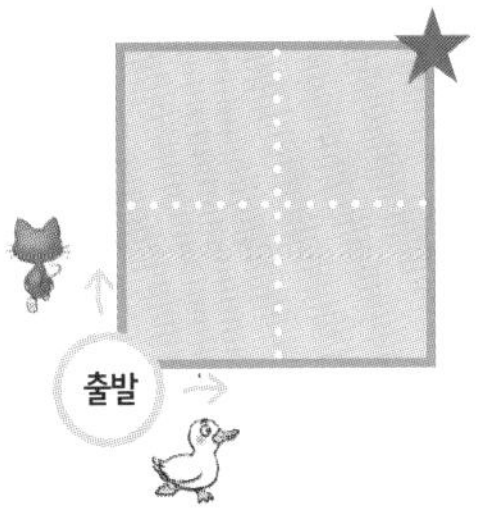

2

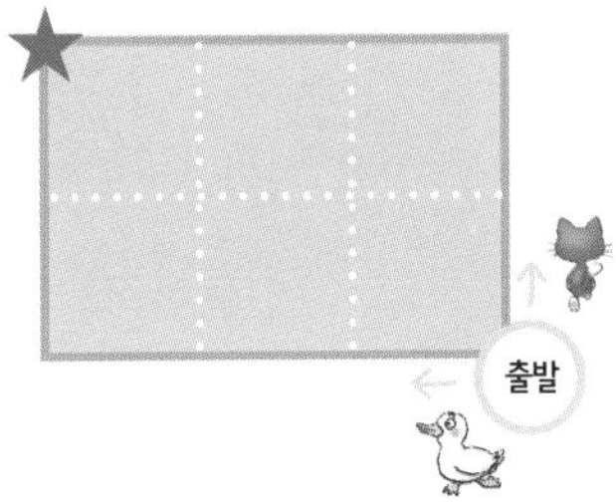

3

4

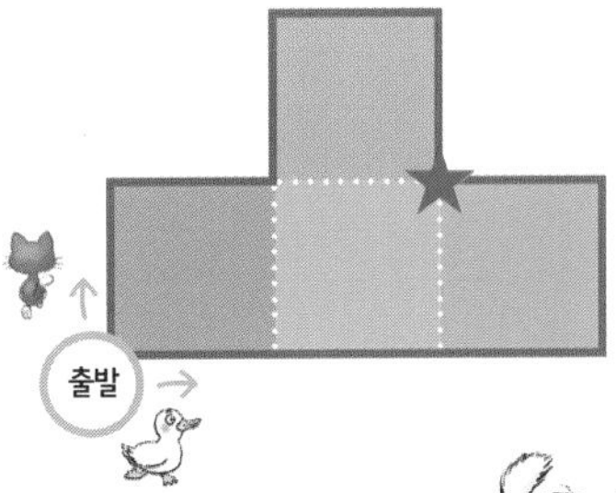

STEP 2 만나는 지점(2)

1 야옹이와 꽥꽥이가 굵은 선을 따라 같은 빠르기로 걷고 있어요. 야옹이와 꽥꽥이가 만나게 될 곳에 ★표 해 보세요.

1

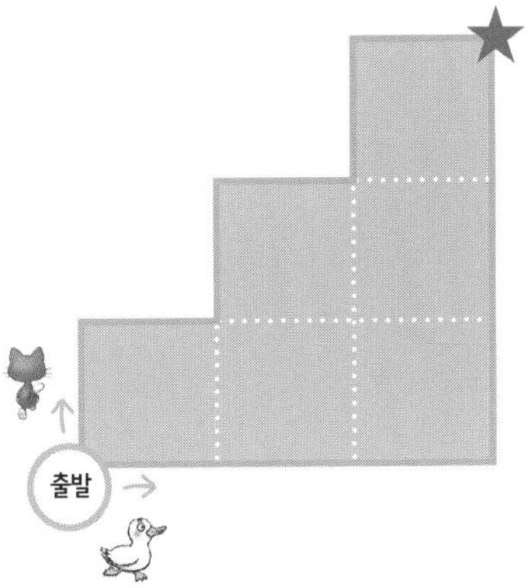

2

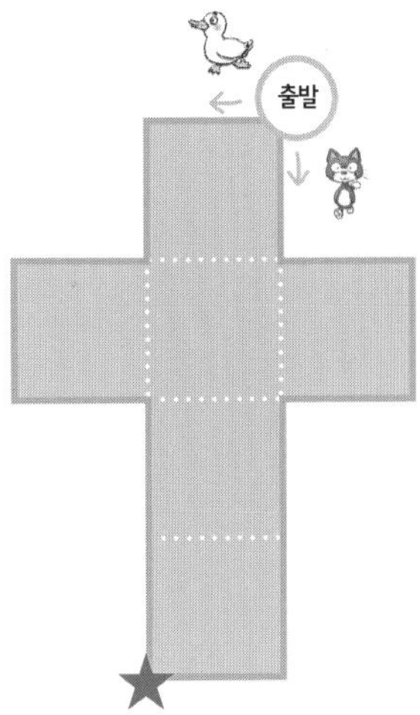

STEP 2 만나는 지점(2)

3

4

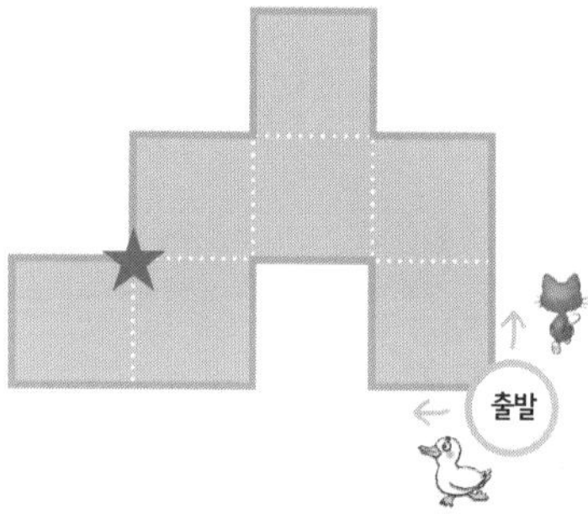

5

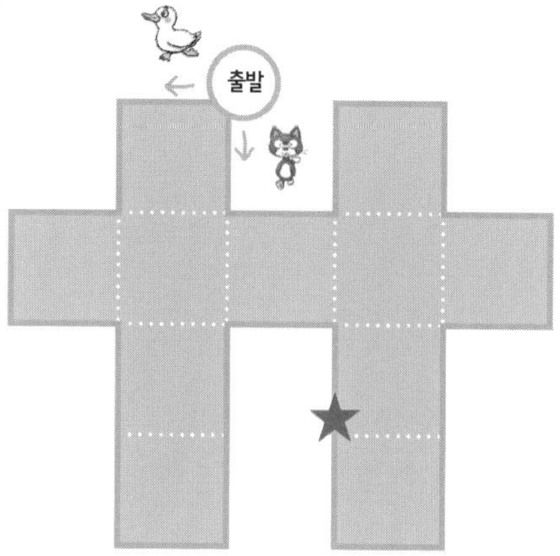

야옹이가 간 거리는 ○로, 꽥꽥이가 간 거리는 ×로 표시하면서 같은 개수만큼 이동하여 만난 지점을 찾습니다.

4 둘은 8만큼 가서 만나게 됩니다.

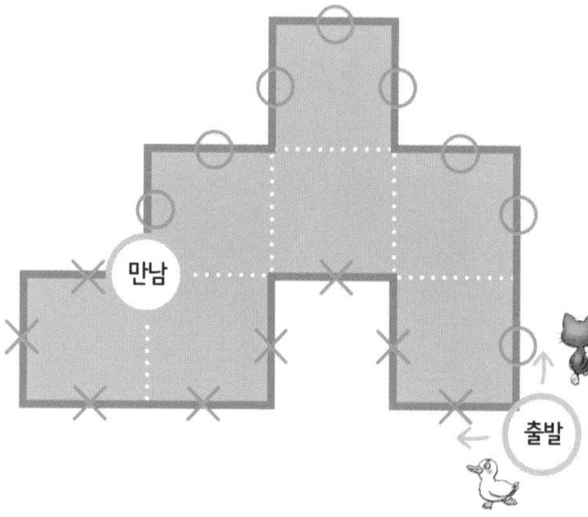

5 둘은 12만큼 가서 만나게 됩니다.

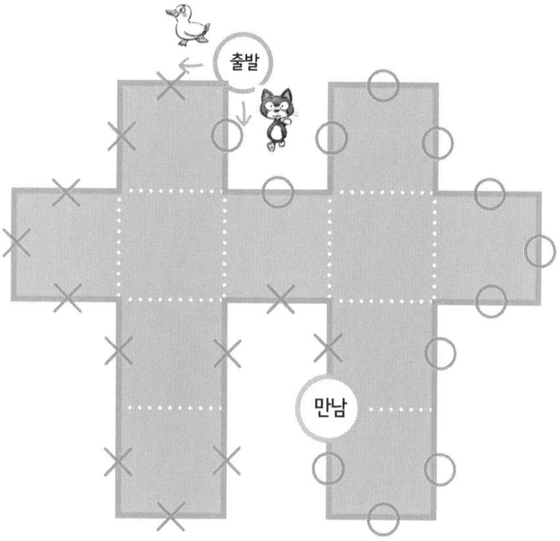

STEP 3 만나는 지점(3)

1 숲속을 헤매던 야옹이가 길에서 캥거루를 만났어요. 야옹이가 1칸을 뛸 때 캥거루는 2칸씩 뛸 수 있어요. 길을 따라 가다 보면 야옹이와 캥거루가 만나게 될 곳에 ★표 해 보세요.

1

2

1

캥거루는 한 번에 2칸을 가고, 야옹이는 한 번에 1칸을 갑니다. 따라서 한 번 이동할 때 캥거루는 ⟶ 2개씩, 야옹이는 × 1개씩을 표시하여 이동하며 만난 지점을 찾습니다.

1 둘은 8만큼 가서 만나게 됩니다.

2 둘은 8만큼 가서 만나게 됩니다.

STEP 1 생선 먹기(1)

1 번호 순서대로 생선을 먹으려고 해요. 지나간 곳은 다시 지나갈 수 없어요. 규칙에 맞게 생선을 먹은 것을 2개 찾아 ○표 해 보세요.

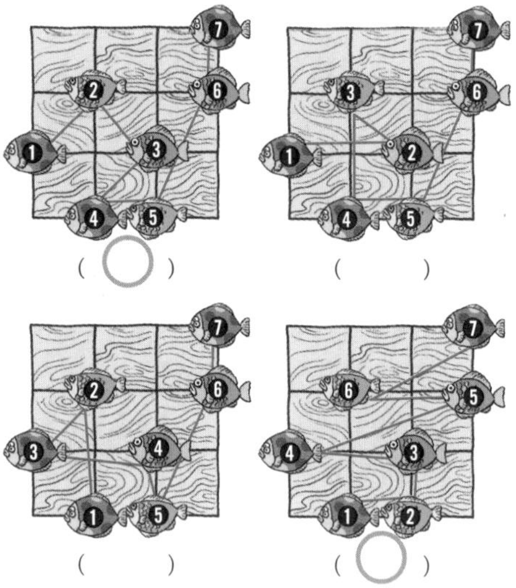

2 번호 순서대로 생선을 먹으려고 해요. 번호가 없는 생선에는 번호를 쓰면서 선으로 이어 보세요.(단, 선 위를 다시 지나갈 수 없어요.)

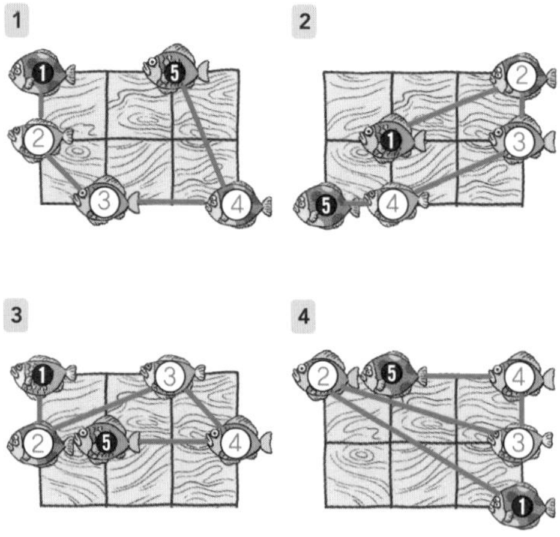

1

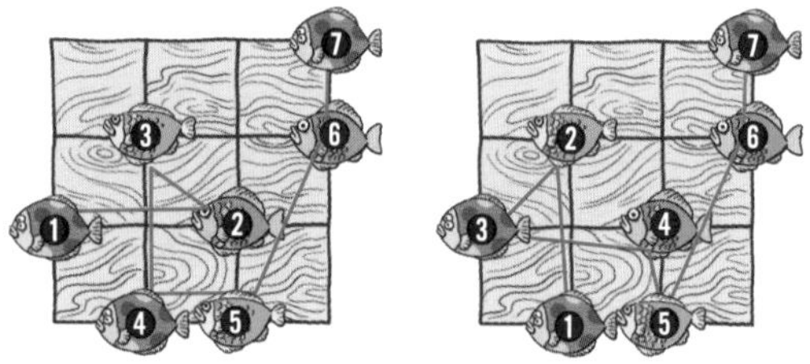

세 번째 생선을 먹고 네 번째 생선을 먹을 때 이미 지나간 곳인 선 위를 다시 지나게 되므로 규칙에 맞지 않습니다.

2

1 두 번째로 먹는 생선의 위치에 따라 지나온 곳을 다시 지나지 않고 모든 생선을 먹을 수 있을지 확인해 봅니다.

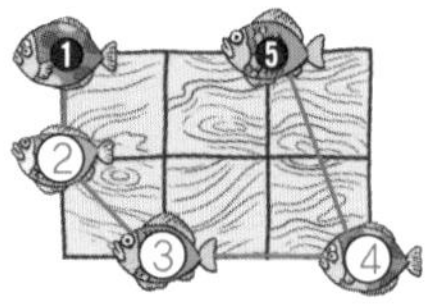

가능합니다.

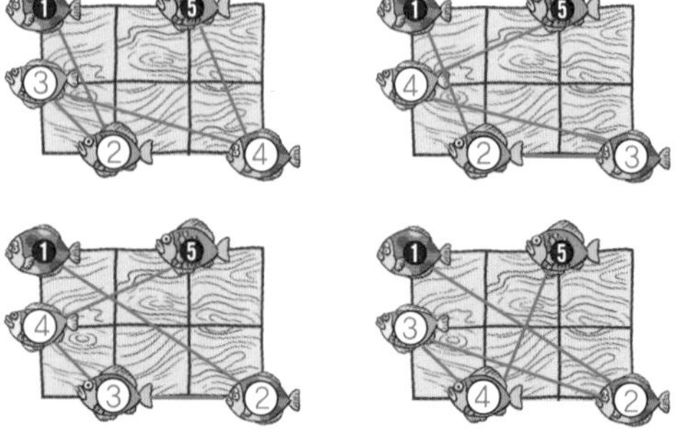

불가능합니다.

STEP 2 생선 먹기(2)

1 번호 순서대로 생선을 먹으려고 해요. 숫자가 없는 생선에는 번호를 쓰면서 선으로 이어 보세요.(단, 선 위를 다시 지나갈 수 없어요.)

1

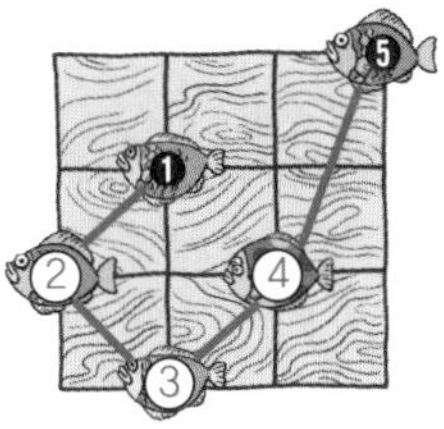

2

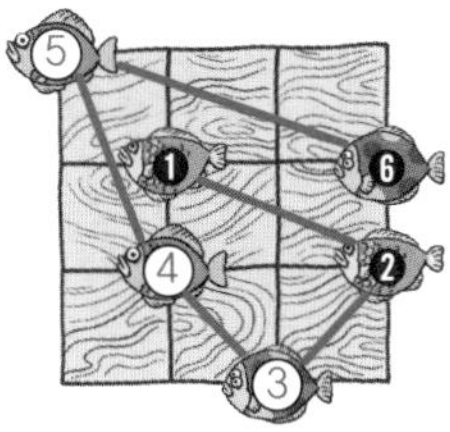

3

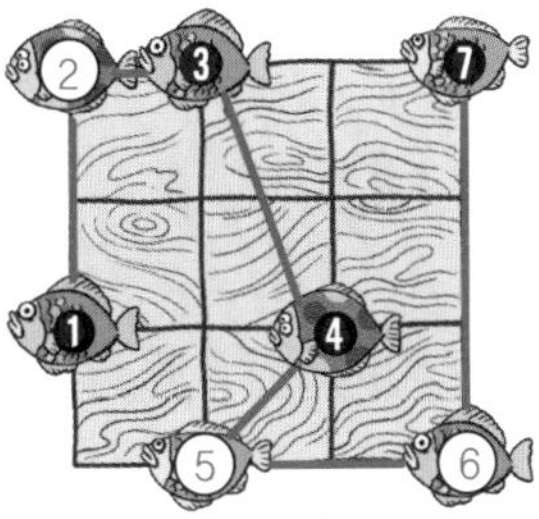

4

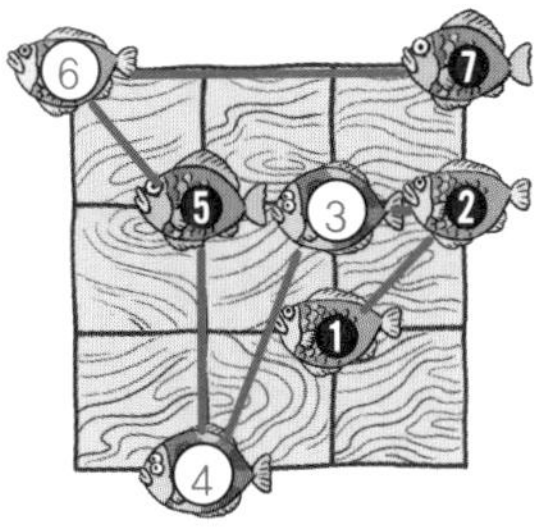

1

생선들을 어떻게 하나의 실로 순서대로 엮을지를 머릿속으로 상상해 봅니다. 주어진 번호 힌트를 잘 활용하면 상상하는 데 좀 더 도움이 됩니다.

1 남은 3개 중 두 번째로 먹어야 하는 생선이 어느 것이 되어야 할지 생각해 봅니다. 머릿속으로 상상해 보아도 좋고 직접 선을 그려 보면서 겹치는 부분이 없도록 해결해 봅니다.

4 첫 번째 생선과 두 번째 생선을 먹고 세 번째 생선을 먹으려고 합니다. 남은 3개의 생선 중 어느 것을 세 번째로 먹어야지 겹치는 부분이 없을지 상상해 보거나 직접 선을 그려 봅니다.

68~69쪽

STEP 2 생선 먹기(2)

1

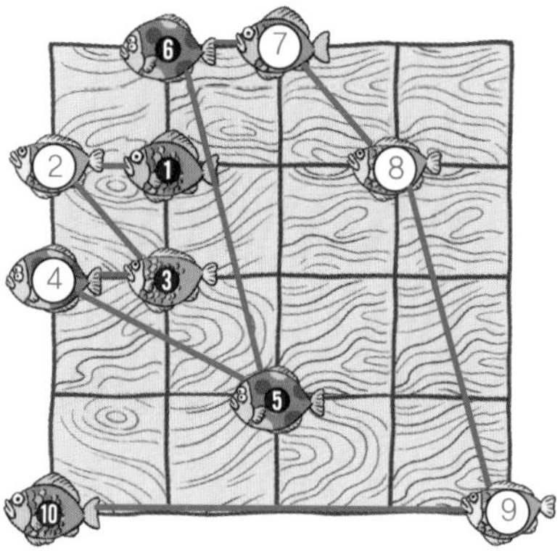

2

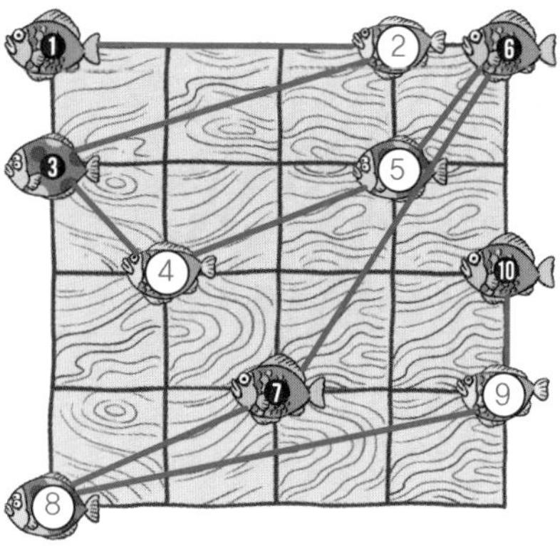

70~71쪽

STEP 3 생선 먹기(3)

1 번호 순서대로 생선을 먹으려고 해요. 숫자가 없는 생선에는 번호를 쓰면서 선으로 이어 보세요.(단, 선 위를 다시 지나갈 수 없어요.)

1

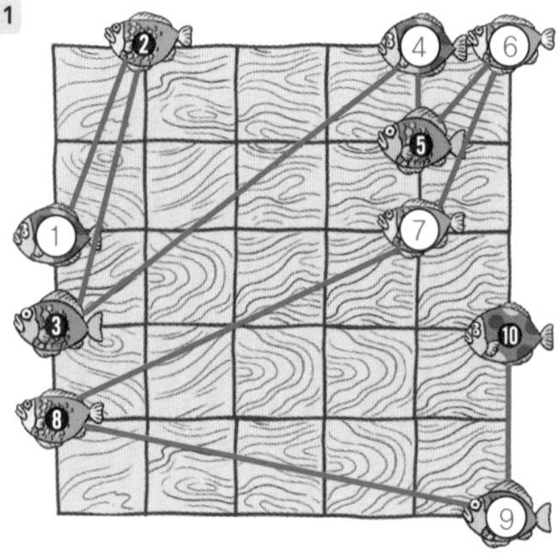

2

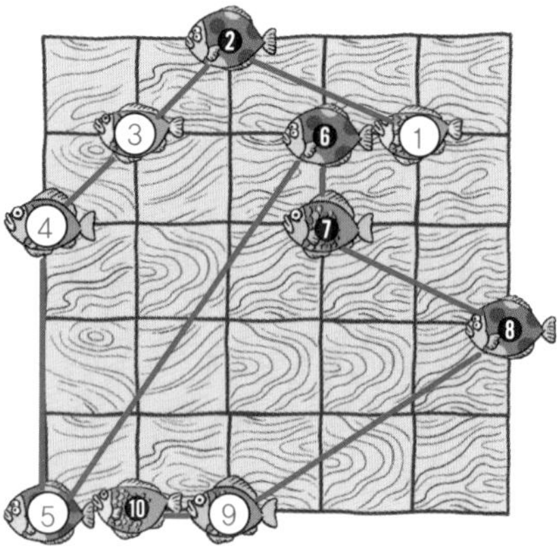

STEP 1 네모 칸의 규칙(1)

1 규칙을 찾아 빈칸에 알맞은 수를 써넣어 보세요.

1

1	12	2
2	27	7
4	43	3
3	36	6

2

3	23	2
4	14	1
5	45	4
2	32	3

3

2	6	4
3	5	2
3	6	3
4	5	1

처음 수와 끝 수는
어떤 관계가 있는지
가운데 수들을 잘 봐야겠어.

4

2	3	5
3	1	4
1	4	5
2	4	6

3가지 힌트를 보면 규칙을 찾을 수 있습니다.

1 (1, 2) ⋯▸ 12

(2, 7) ⋯▸ 27

(4, 3) ⋯▸ 43

따라서 왼쪽의 수는 십의 자리 숫자, 오른쪽의 수는 일의 자리 숫자가 되는 규칙입니다.

(3, 6) ⋯▸ □

3은 십의 자리 숫자, 6은 일의 자리 숫자이므로 □ = 36입니다.

2 (3, 2) ⋯▸ 23

(4, 1) ⋯▸ 14

(5, 4) ⋯▸ 45

따라서 오른쪽의 수는 십의 자리 숫자, 왼쪽의 수는 일의 자리 숫자가 되는 규칙입니다.

(2, □) ⋯▸ 32

오른쪽의 수는 십의 자리 숫자인 3이 되므로 □ = 3입니다.

3 (2, 4) ⋯▸ 6

(3, 2) ⋯▸ 5

(3, 3) ⋯▸ 6

가운데 수는 두 수의 합과 같습니다.

(4, 1) ⋯▸ □ □ = 4+1=5

4 (2, 5) ⋯▸ 3

(3, 4) ⋯▸ 1

(1, 5) ⋯▸ 4

가운데 수는 두 수의 차와 같습니다.

(2, 6) ⋯▸ □ □ = 6−2=4

STEP 2 네모 칸의 규칙(2)

1 규칙을 찾아 빈칸에 알맞은 수를 써넣어 보세요.

1

2	2	1	5
2	2	2	6
1	1	3	5
2	2	3	7

2

1	3	2	6
2	1	3	6
1	2	2	5
2	3	3	8

3

4	2	1	1
5	1	1	3
3	1	1	1
6	2	1	3

4

4	1	1	2
6	1	1	4
5	2	1	2
7	2	3	2

1

1 3가지 경우를 보면 모두 앞의 세 수의 합이 색칠된 칸의 수가 되는 것을 알 수 있습니다.

2+2+1=5

2+2+2=6

1+1+3=5

2+2+3=□, □=7

2 3가지의 경우를 보면 모두 앞의 세 수의 합이 색칠된 칸의 수가 되는 것을 알 수 있습니다.

1+3+2=6

2+1+3=6

2+3+3=8

1+2+□=5, □=2

3 3가지 경우를 보면 모두 가장 앞의 수에서 나머지 두 수를 뺀 것이 색칠된 칸의 수가 되는 것을 알 수 있습니다.

4−2−1=1

5−1−1=3

3−1−1=1

6−2−1=□, □=3

4 3가지 경우를 보면 모두 가장 앞의 수에서 나머지 두 수를 뺀 것이 색칠된 칸의 수가 되는 것을 알 수 있습니다.

4−1−1=2

6−1−1=4

5−2−1=2

7−□−3=2, □=2

STEP 2 네모 칸의 규칙(2)

5

1	4	2	1
2	3	2	3
3	1	1	3
6	8	5	7

6

8	4	7	6
3	2	3	2
2	1	2	3
3	1	2	1

7

6	4	4	6
7	3	5	5
2	8	8	2
9	1	3	7

8

2	4	1	2
3	6	2	4
1	2	4	8
3	6	5	10

1 가장 아래에 있는 수는 위에 있는 세 수의 합과 같습니다. 따라서 빈칸에는 1+3+3=7이 들어갑니다.

2 가장 위에 있는 수는 아래에 있는 세 수의 합과 같습니다. 빈칸이 있는 세로줄을 살펴보면 3+2=5에 어떤 수를 더해서 7이 되어야 하므로 빈칸에는 7−5=2가 들어갑니다.

3 가운데를 중심으로 양쪽을 살펴보면 (6, 4), (4, 6), (7, 3), (5, 5) 등과 같이 두 수의 합이 10인 수들입니다. 따라서 빈칸에는 3에 어떤 수를 더해서 10이 되는 경우이므로 7이 들어갑니다.

4 가운데를 중심으로 양쪽을 살펴보면 2···▸4, 1···▸2, 3···▸6, 4···▸8 등과 같이 앞의 수를 2번 더하면 뒤의 수가 나옵니다. 즉 2+2=4, 1+1=2, 3+3=6, 4+4=8과 같습니다. 따라서 빈칸에는 5+5=10 이 들어갑니다.

STEP 3 네모 칸의 규칙(3)

1 규칙을 찾아 빈칸에 알맞은 수를 써넣어 보세요.

1

1	2	2	5	3
4	6	5	8	7
3	4	3	3	4

2

1	2	1	3	2
2	3	3	3	2
4	6	5	7	5

3

5	4	6	5	7
3	1	3	1	2
1	2	2	3	4

4

2	3	2	1	3
3	1	2	2	3
7	6	6	5	8

1 가장 아랫줄에는 위에 있는 두 줄의 수들의 차가 됩니다. 즉 4−1=3, 6−2=4 ……와 같습니다. 따라서 빈칸에는 7−3=4가 들어가야 합니다.

2 가장 아랫줄에는 위에 있는 두 줄의 수들의 합보다 1 큰 수가 들어갑니다. 따라서 빈칸에는 2+2=4보다 1 큰 수인 5가 들어가야 합니다.

3 가장 아랫줄에는 위에 있는 두 줄의 수들의 차보다 1 작은 수가 들어갑니다. 따라서 빈칸에는 7−2=5보다 1 작은 수인 4가 들어가야 합니다.

4 가장 아랫줄에는 위에 있는 두 줄의 수들의 합보다 2 큰 수가 들어갑니다. 따라서 빈칸에는 3+3=6보다 2 큰 수인 8이 들어가야 합니다.

STEP 1 블록 만들기(1)

1 친구들이 주어진 2개의 나무판으로 모양을 만들었어요.
어떻게 만든 것인지 아래처럼 선을 그어 나타내어 보세요.

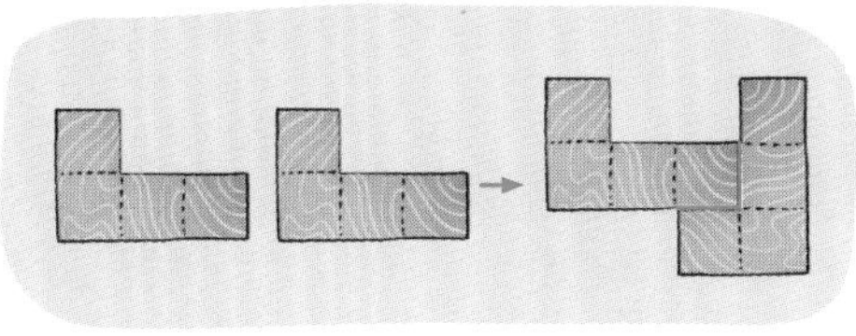

1

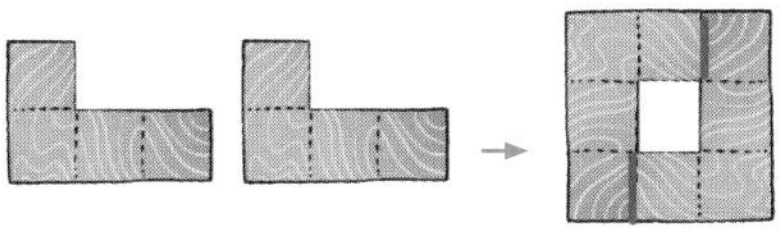

2

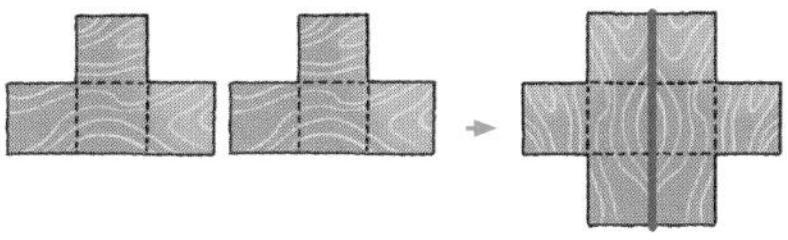

3

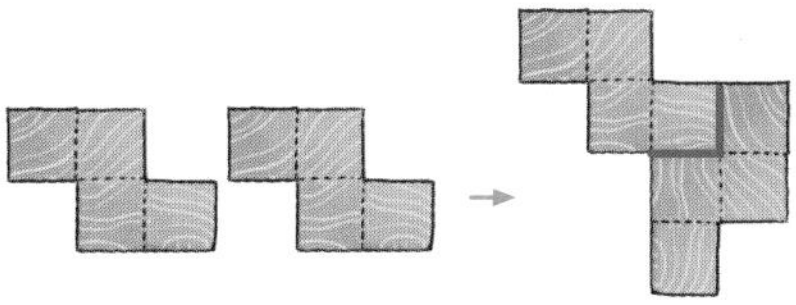

STEP 2 블록 만들기(2)

1 친구들이 아래의 블록 2개로 새로운 모양을 만들었어요.
다른 블록을 사용한 친구를 찾아 ○표 해 보세요.
(이때, 블록을 돌리거나 뒤집을 수 있어요.)

1

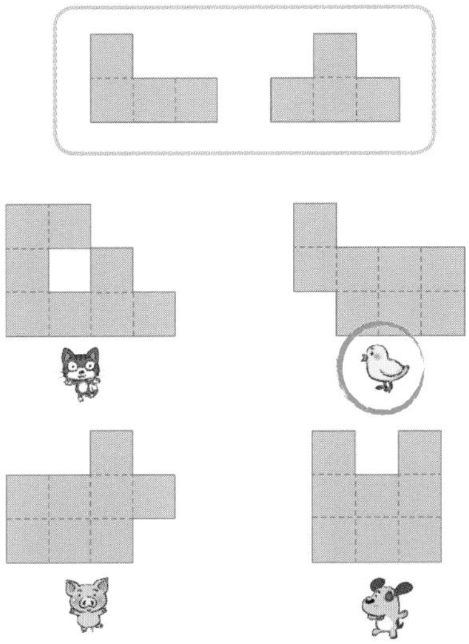

2

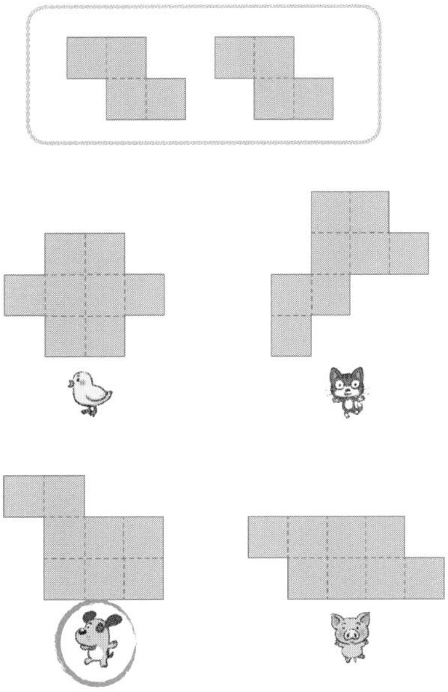

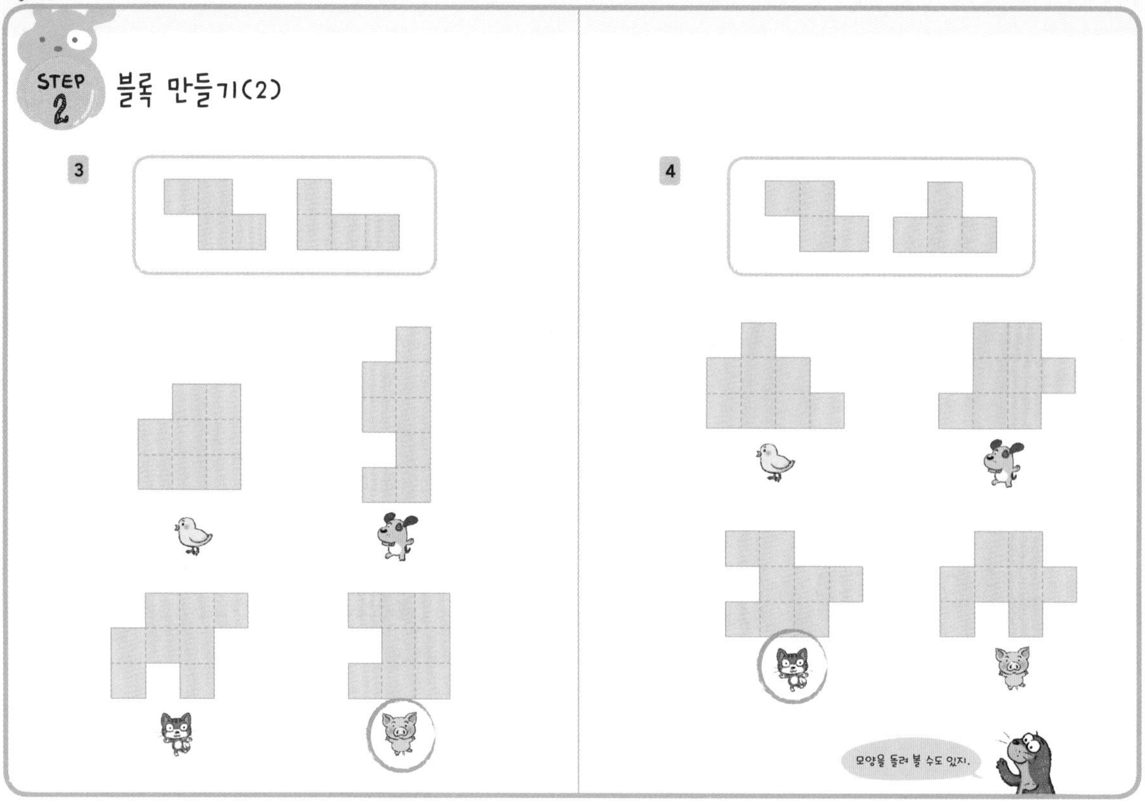

3 꿀꿀이가 만든 모양은 주어진 2개의 블록을 이용하여 만들 수 없습니다.

4 야옹이가 만든 모양은 주어진 2개의 블록을 이용하여 만들 수 없습니다.

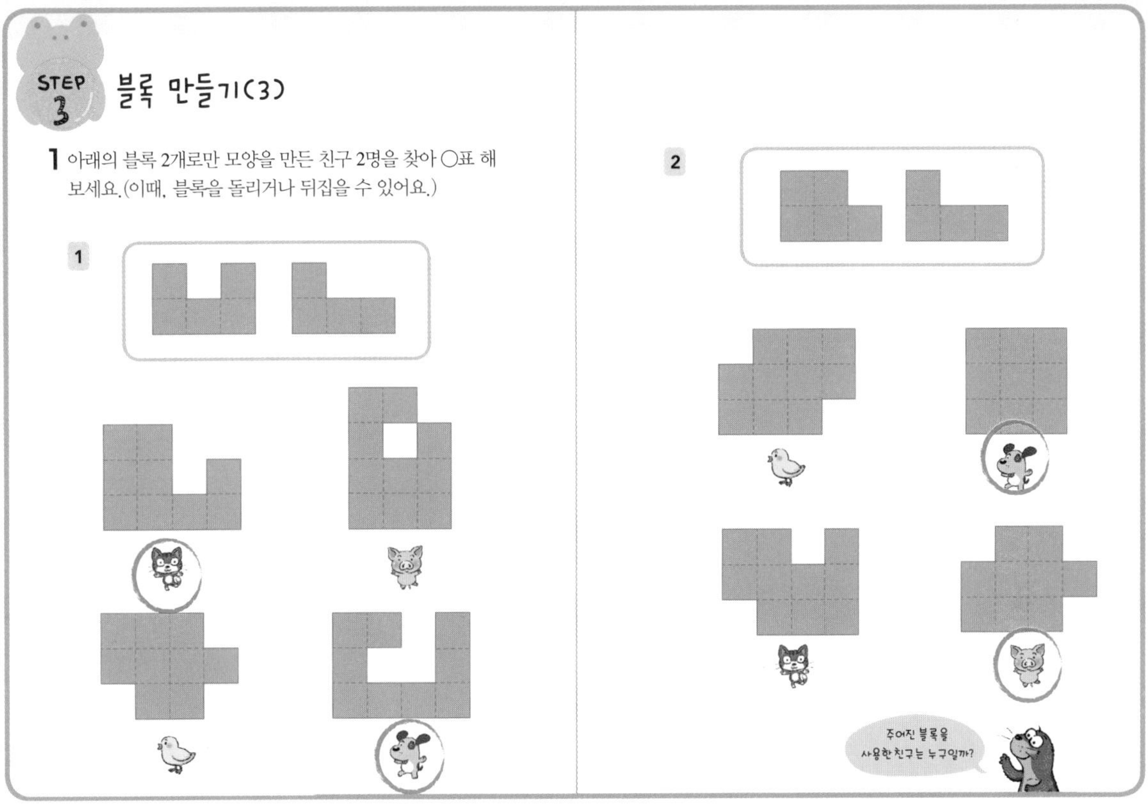
STEP 3 블록 만들기(3)

1 아래의 블록 2개로만 모양을 만든 친구 2명을 찾아 ○표 해 보세요.(이때, 블록을 돌리거나 뒤집을 수 있어요.)

1

2

1

1 야옹이와 멍멍이의 모양은 다음과 같이 블록을 이용해서 만들 수 있습니다.

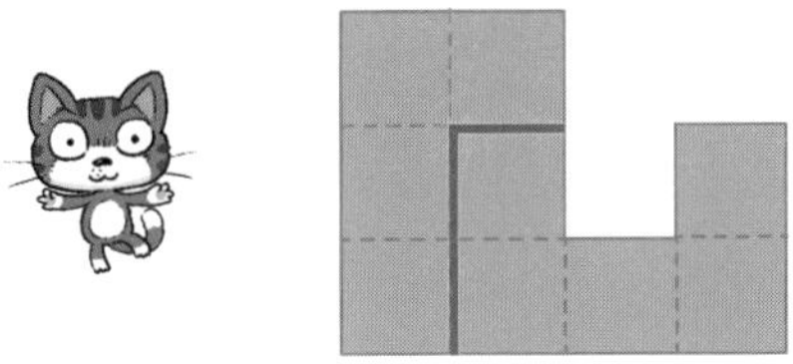

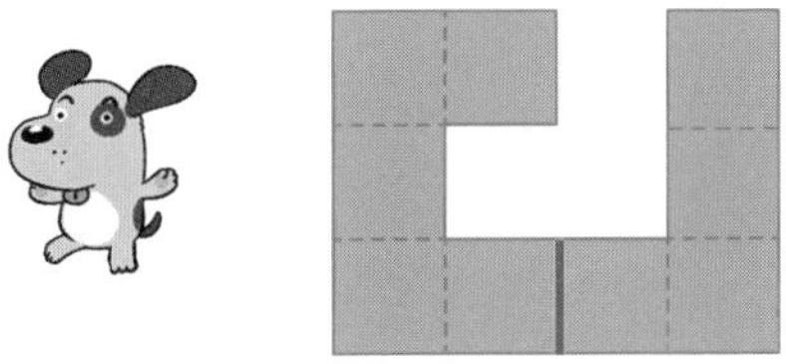

2 멍멍이와 꿀꿀이의 모양은 다음과 같이 블록을 이용해서 만들 수 있습니다.

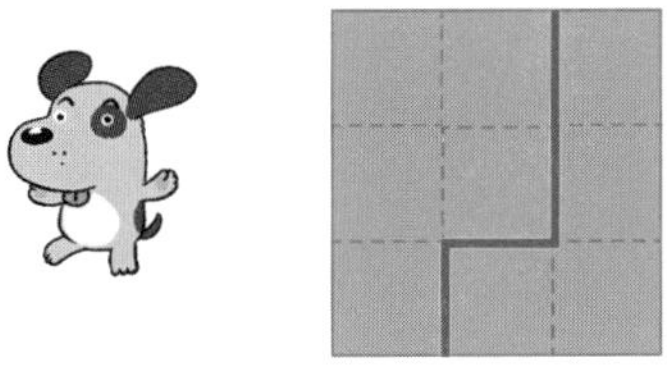

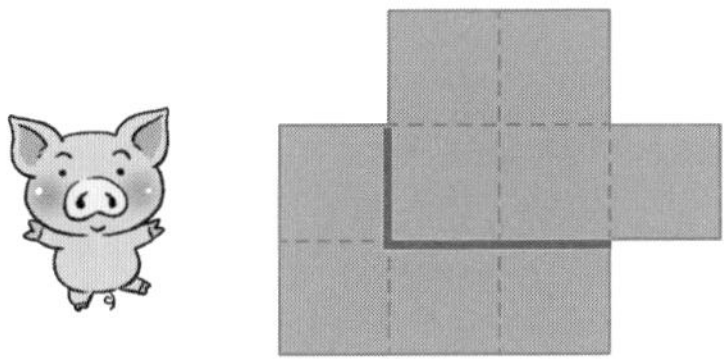

100~101쪽

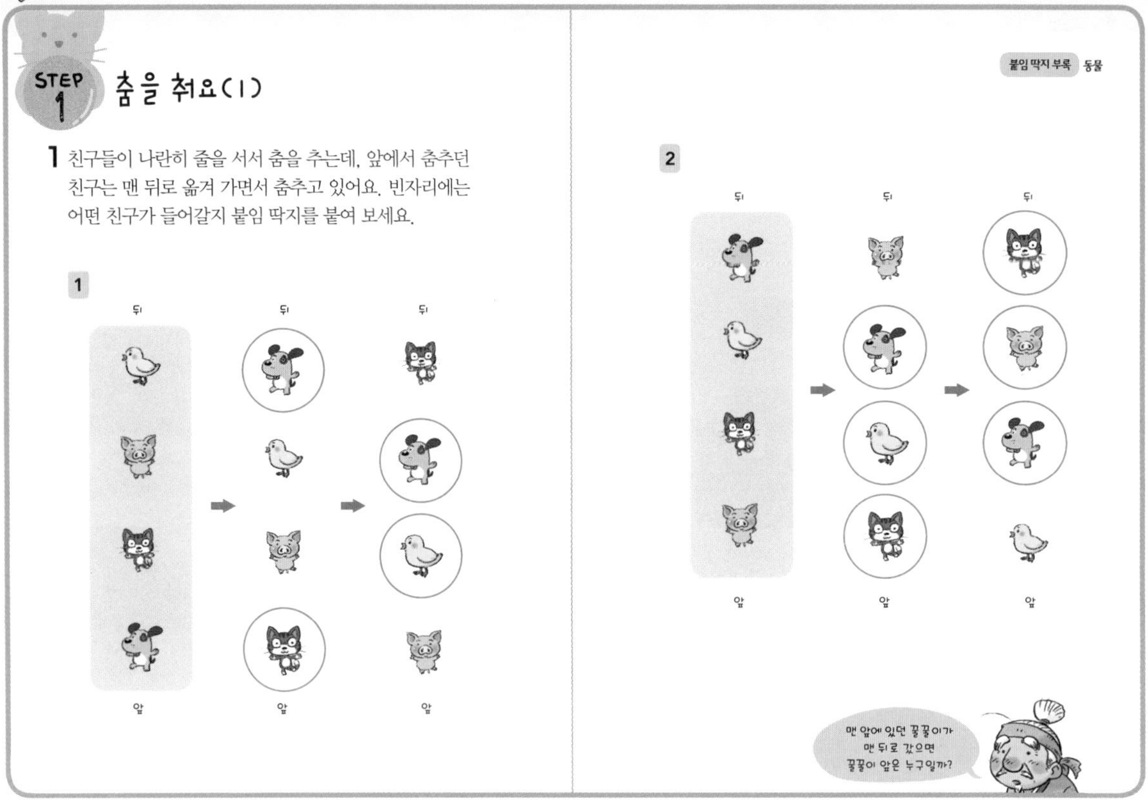
STEP 1 춤을 춰요(1)

1 친구들이 나란히 줄을 서서 춤을 추는데, 앞에서 춤추던 친구는 맨 뒤로 옮겨 가면서 춤추고 있어요. 빈자리에는 어떤 친구가 들어갈지 붙임 딱지를 붙여 보세요.

1

뒤 뒤 뒤

앞 앞 앞

붙임 딱지 부록 동물

2

뒤 뒤 뒤

앞 앞 앞

1

1 ① 꿀꿀이가 앞에서 두 번째에 서 있으므로 한 칸씩 앞으로 이동한 경우입니다. 따라서 가장 앞에는 야옹이가, 가장 뒤에는 멍멍이가 서 있게 됩니다.

② 꿀꿀이가 가장 앞에 서 있으므로 앞으로 두 칸씩 이동한 경우입니다. 따라서 두 번째에는 삐약이, 세 번째에는 멍멍이가 서 있게 됩니다. (①에서 앞으로 한 칸씩 이동했습니다.)

2 ① 가장 앞에 있던 꿀꿀이가 가장 뒤로 갔으므로 한 칸씩 앞으로 이동한 경우입니다. 따라서 야옹이, 삐약이, 멍멍이 순서입니다.

② 앞에서 세 번째에 있던 삐약이가 가장 앞으로 왔으므로 두 칸씩 앞으로 이동한 경우입니다. 따라서 멍멍이, 꿀꿀이, 야옹이 순서입니다. (①에서 앞으로 한 칸씩 이동했습니다.)

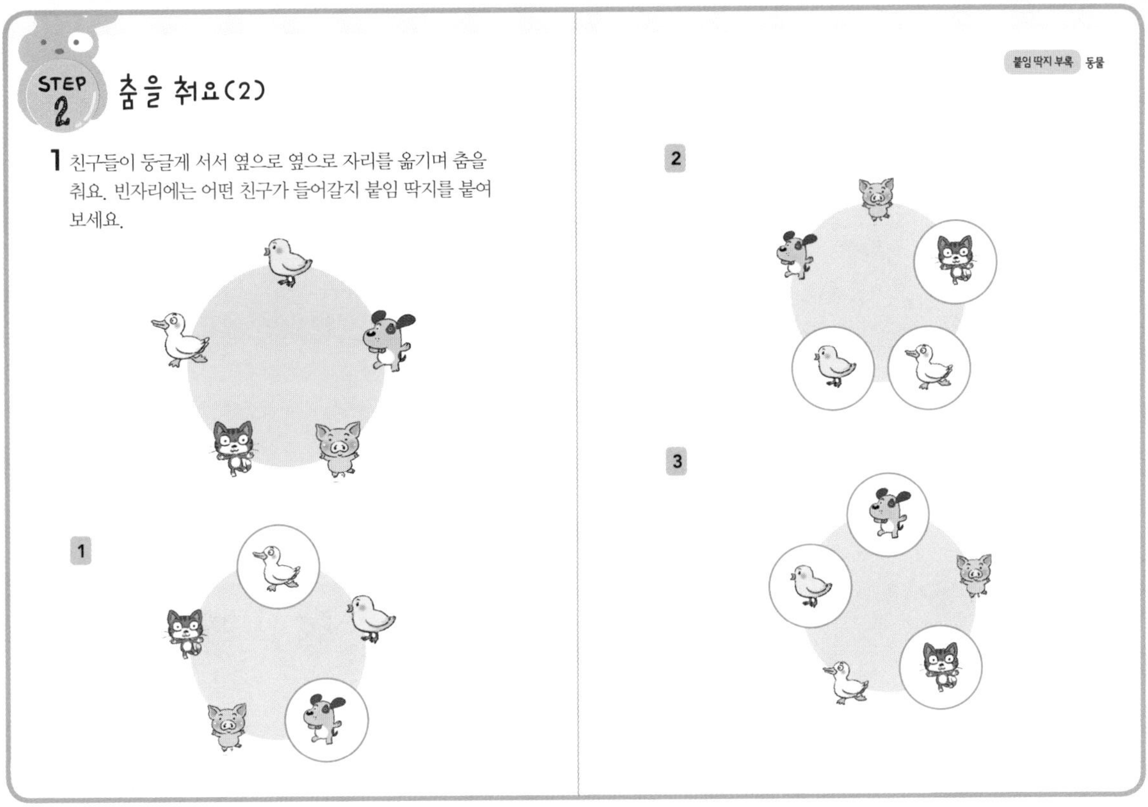
STEP 2 춤을 춰요(2)

붙임 딱지 부록 동물

1 친구들이 둥글게 서서 옆으로 옆으로 자리를 옮기며 춤을 춰요. 빈자리에는 어떤 친구가 들어갈지 붙임 딱지를 붙여 보세요.

1

2

3

1

한 동물을 기준으로 동물들의 위치를 생각해 봅니다. 꿀꿀이를 기준으로 생각해 보면 시계 방향으로 꿀꿀이, 야옹이, 꽥꽥이, 삐약이, 멍멍이 순서입니다.

1 꿀꿀이를 기준으로 생각해 보면 야옹이 다음에는 시계 방향으로 꽥꽥이, 삐약이 다음에는 멍멍이가 와야 합니다.

2 꿀꿀이를 기준으로 생각해 보면 꿀꿀이 다음에는 시계 방향으로 야옹이, 꽥꽥이, 삐약이 순서로 와야 합니다.

3 꿀꿀이를 기준으로 생각해 보면 꿀꿀이 다음에는 시계 방향으로 야옹이, 꽥꽥이 다음에는 삐약이와 멍멍이 순서로 와야 합니다.

[참고]

만약 아이들이 어려워한다면 도화지로 회전판을 만들고 판 위에 동물 이름을 써서 직접 돌려보며 상황의 변화를 생각해 보도록 합니다.

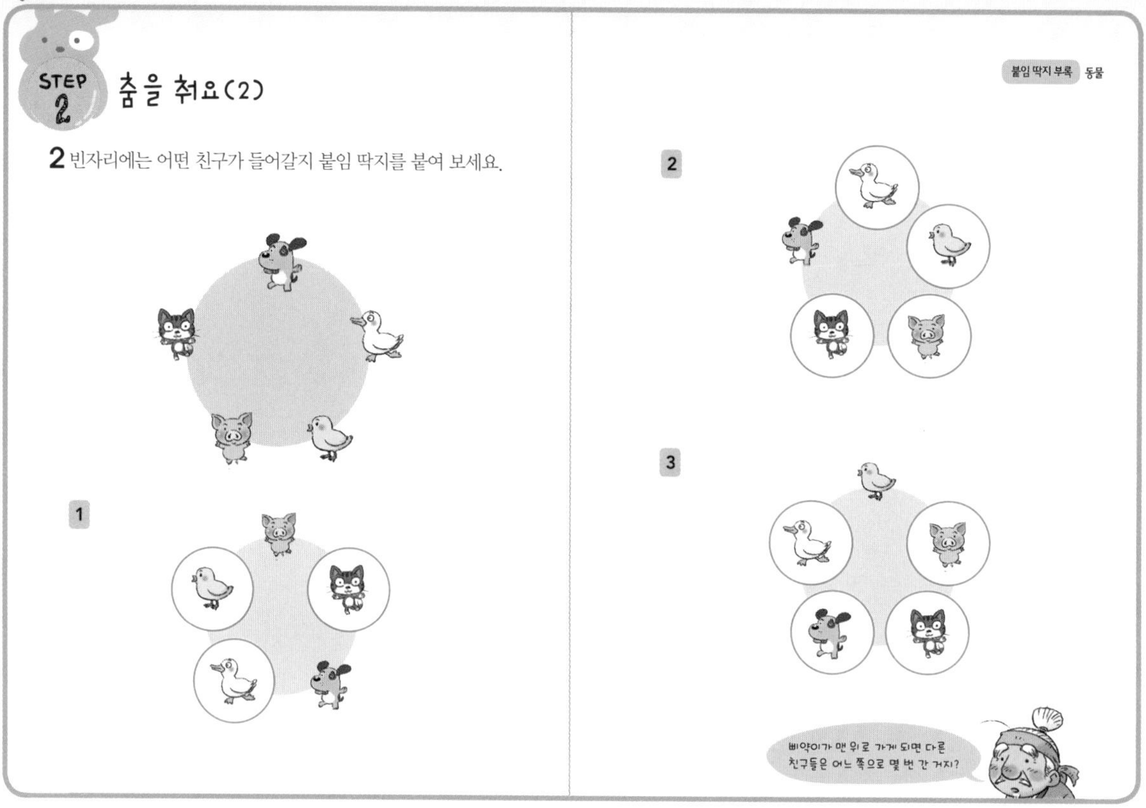

문제를 해결할 때에 어렵다면 둥근 종이에 동물들의 이름을 쓴 후에 돌려 보면서 직접 어떻게 위치가 변하게 되는지 살펴봅니다.

1 2칸씩 시계 방향으로 이동했습니다.

2 1칸씩 시계 반대 방향 또는 4칸씩 시계 방향으로 이동했습니다.

3 2칸씩 시계 반대 방향 또는 3칸씩 시계 방향으로 이동했습니다.

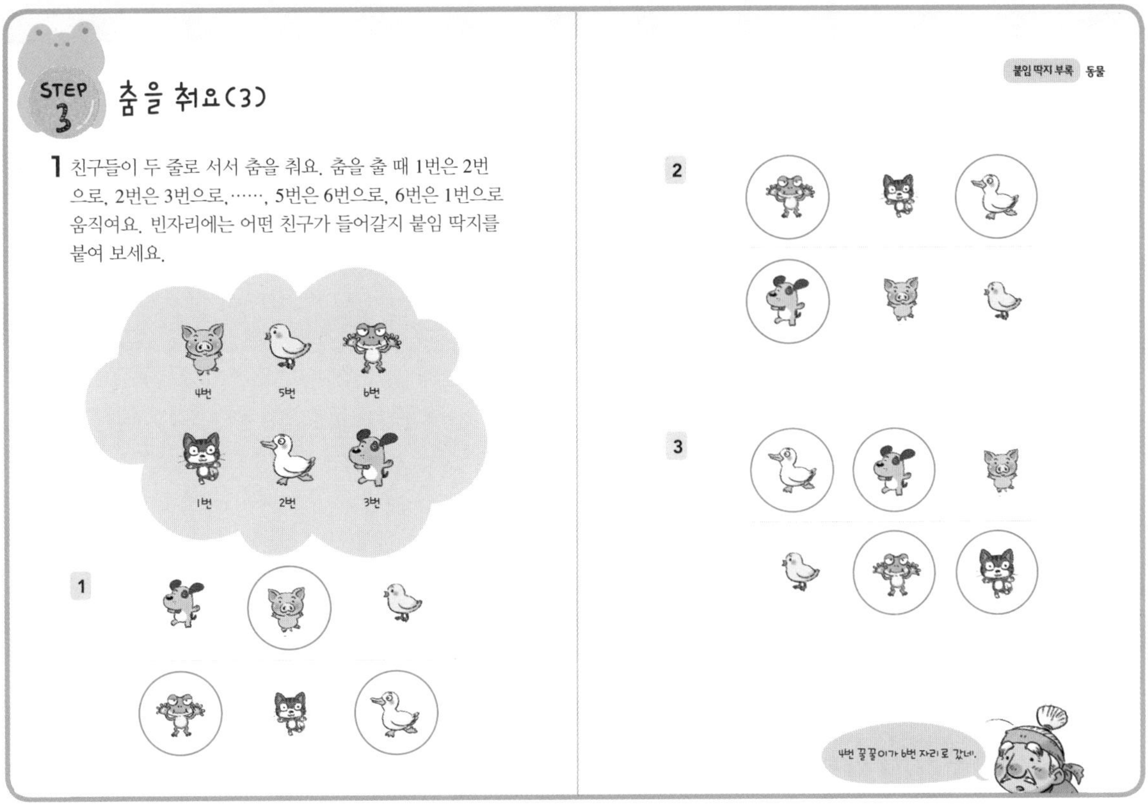
STEP 3 춤을 춰요(3)

1 친구들이 두 줄로 서서 춤을 춰요. 춤을 출 때 1번은 2번으로, 2번은 3번으로,……, 5번은 6번으로, 6번은 1번으로 움직여요. 빈자리에는 어떤 친구가 들어갈지 붙임 딱지를 붙여 보세요.

1번부터 6번까지 두 줄로 놓여 있어서 헷갈릴 수 있습니다. 하지만 앞에서 했던 원형과 같은 상황임을 이해하며 3번에서 4번으로 이동할 때와 6번에서 1번으로 이동할 때 주의해서 문제를 해결합니다.

1 야옹이가 1번 자리에서 2번 자리로 이동했으므로 모두 한 칸씩 다음 자리로 이동합니다.

2 야옹이가 1번 자리에서 5번 자리로 이동했으므로 모두 4칸씩 다음 자리로 이동합니다.

3 꿀꿀이가 4번 자리에서 6번 자리로 이동했으므로 모두 2칸씩 다음 자리로 이동합니다.

메모장

메모장

붙임 딱지 부록

가위바위보

29, 34~35쪽 사용

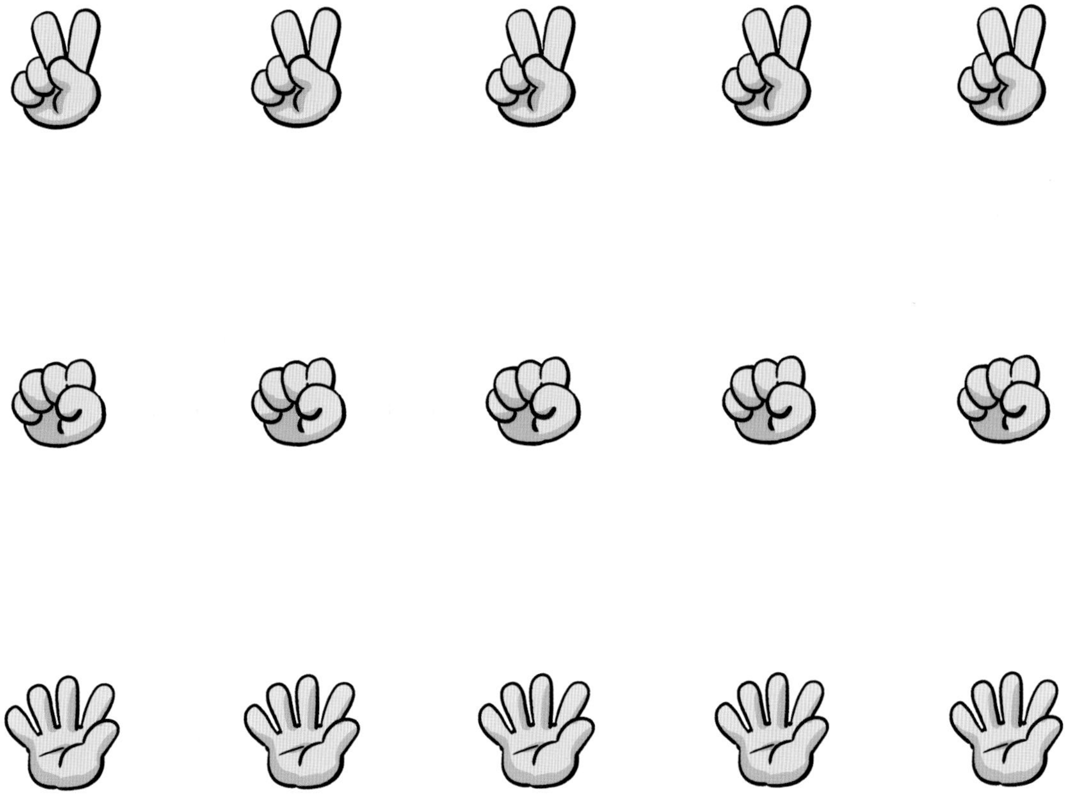

동물

100~107쪽 사용

동물

동물